中小学科普研学实践系列丛书

百万市民学科学——"江城科普读库"资助出版图书

中国地质大学（武汉）高等教育管理研究课题专项经费资助项目（2019F8A02）

岩石三兄弟

刘福江 主编

中国地质大学出版社
ZHONGGUO DIZHI DAXUE CHUBANSHE

图书在版编目（CIP）数据

岩石三兄弟 / 刘福江主编.
— 武汉：中国地质大学出版社，2021.12
（中小学科普研学实践系列丛书；1）
ISBN 978-7-5625-4990-1

Ⅰ. ①岩⋯
Ⅱ. ①刘⋯
Ⅲ. ①岩石-青少年读物
Ⅳ. ①P583-49

中国版本图书馆CIP数据核字(2021)第230434号

岩石三兄弟　　　　　　　　　　　　　　　　　刘福江　主编

责任编辑：舒立霞	责任校对：何澍语

出版发行：中国地质大学出版社（武汉市洪山区鲁磨路388号）　邮政编码：430074
电　话：(027)67883511　　传　真：(027)67883580　　E-mail：cbb@cug.edu.cn
经　销：全国新华书店　　　http://cugp.cug.edu.cn

开本：880毫米×1230毫米　1/32	字数：156千字	印张：7.5
版次：2021年12月第1版		印次：2021年12月第1次印刷

设计制作：武汉浩艺设计制作工作室
印　刷：湖北睿智印务有限公司

ISBN：978-7-5625-4990-1　　　　　　　　　　　定价：198.00元（全10册）

如有印装质量问题请与印刷厂联系调换

《岩石三兄弟》编委会

主　　编：刘福江

副 主 编：林伟华　王文起　李　黎　郭　艳　戴小良

编委成员：刘福江　林伟华　王文起　李　黎　李　卉　郭　艳
　　　　　戴小良　殷永辉

编委顾问：李长安　王文起　刘先国　陈　晶

目 录

第一章 老师讲故事——透过岩石看世界

档案（一）岩石与生活 ………………………………… 01
档案（二）岩石的基本属性 …………………………… 03
档案（三）三大类岩石 ………………………………… 04
档案（四）沉积岩的故事 ……………………………… 07
档案（五）岩石三兄弟之间的转换 …………………… 10

第二章 我的课堂我做主——岩石是如何"炼"成的

任务（一）我来模拟沉积岩的炼成术 ………………… 12
任务（二）我给岩石做体检 …………………………… 13
任务（三）我给岩石归类分家 ………………………… 14

第三章 户外瞧瞧去——我是小小地质学家

任务（一）我会"读图识图"啦 ……………………… 15
任务（二）在目的地寻找岩石 ………………………… 16

第四章 今天我很棒——快乐分享你我他

任务（一）分组比一比，看谁找得多 ………………… 17
任务（二）派代表发言，谈谈自己的收获 …………… 17
任务（三）记录自己的收获 …………………………… 18

第一章
透过岩石看世界

老师讲故事

档案（一）　岩石与生活
▶▶ 小学《科学》（教科版）四年级下册 P79—P80

岩石是地球的重要组成部分。岩石是由一种或多种矿物或其他物质（如火山玻璃、生物遗骸、地外物质等）组成的天然固态物质。矿物一般是自然产出且内部质点排列有序的均匀固体。岩石随处可见，有的像高山一样大，有的比沙子还要小，甚至深深的海底也是由岩石组成的呢！

环顾一下四周，你会发现我们的生活中无处不在使用岩石。人们用岩石铺路、建造房子，用粉碎的石灰岩制造水泥，用坚硬的岩石作装饰和纪念碑的材料等，甚至我们日常随处可见的玻璃的主要成分也来源于岩石（图1）。

▲ 大理岩楼梯　　▲ 花岗岩铺路　　▲ 花岗岩雕塑

图1　生活中的岩石

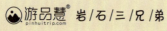

你能辨认出下列图片中哪些是岩石吗？是的画"√"（图2）。

混凝土（ ）　　　　红砖（ ）

鹅卵石（ ）　　　　大理岩（ ）

图2　辨认岩石

第一章　老师讲故事——透过岩石看世界

档案（二）　岩石的基本属性
▶▶ 小学《科学》（教科版）四年级下册 P₄₄—P₄₆

岩石是由一种或多种矿物或其他物质组成的集合体。有些岩石由许多种矿物组成，如花岗岩；有些岩石仅由一种矿物组成，如大理岩（图3）。

图3　花岗岩和大理岩

岩石因所含有的矿物不同，而呈现不同的特性。你可以通过观察它们的颜色、质地、纹理等特征分辨不同的岩石。岩石因所含矿物不同可能呈现出灰色、青色、白色等不同的颜色。岩石的质地不同，通常表现为岩石有的硬，有的软，有的粗糙，有的光滑等。岩石的纹理不同，主要呈现出表面花纹、斑点或者层理等的不同。岩石的矿物颗粒有的大，容易观察到，有的小，很难观察到。

Q2 你可以通过哪些物理性质来区分岩石？

03

游品慧 岩/石/三/兄/弟

档案（三） 三大类岩石
▶▶ 小学《科学》（教科版）五年级上册 P24

岩石按照成因不同主要分为三大类——岩浆岩、沉积岩、变质岩。每大类中又包含了许多种类的岩石。

岩浆岩

<u>岩浆岩</u>又叫火成岩。它的名字来源于希腊语"来自火焰"，就是"因火而成"的岩石。滚烫的岩浆从地球深处缓慢地向地表移动，一类岩浆岩是当岩浆在地壳薄弱地带喷出地表冷凝后形成的岩石，如玄武岩；还有一类岩浆岩是岩浆侵入地壳上部，岩浆冷却凝固后形成的岩石，如花岗岩，常被用作建筑、雕塑材料（图4）。

玄武岩石块▶　　　　　　　　　◀花岗岩石块

▲ 玄武岩山体　　　　　　▲ 花岗岩山体

图4 岩浆岩

04

第一章　老师讲故事——透过岩石看世界

沉积岩，顾名思义就是沉淀下来而形成的岩石。自然界中的砾石、砂和黏土等物质在江河湖海的底部堆积起来后，在压力等作用下变得紧实坚固，最终形成沉积岩。沉积岩往往是一层一层的，看起来像千层蛋糕，在野外很容易辨识（图5）。

◀ 沉积岩石块

▲ 沉积岩山体

图5　沉积岩

变质岩是名副其实的变形魔术师！它们曾经是岩浆岩或者沉积岩，但是在环境条件（如温度、压力等）改变的影响下，岩石的矿物成分、化学成分，以及结构和构造发生了变化，可以像变戏法一样变成与原来不同的新型岩石。比如，花岗岩是一种岩浆岩，它可以变成片麻岩，片麻岩是一种变质岩；石灰岩是一种沉积岩，它可以变质为大理岩，大理岩也是一种变质岩。以方解石为主要成分的大理岩常常作为建筑、纪念碑和雕塑的材料而被广泛使用（图6）。

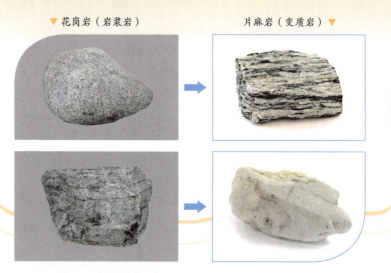

▼花岗岩（岩浆岩）　　　片麻岩（变质岩）▼

▲石灰岩（沉积岩）　　　大理岩（变质岩）▲

图6　其他岩石转变成变质岩

Q3

岩浆喷出地表形成的岩石叫作（　　）。
A. 岩浆岩　　B. 沉积岩　　C. 变质岩

Q4

大理岩是一种（　　）。
A. 岩浆岩　　B. 沉积岩　　C. 变质岩

第一章 老师讲故事——透过岩石看世界

档案（四） 沉积岩的故事
▶▶ 小学《科学》（苏教版）五年级下册 P38—P42

沉积岩的形成

沉积岩是人类最常见的一类岩石。通常在地表或地表不太深的地方的岩石，由于风化作用、生物作用等形成的物质，经过搬运、沉积后，在漫长的岁月中，逐渐变成坚硬的岩石，就是沉积岩。沉积岩通常具有层理构造，常含有化石。

沉积岩的类型

沉积岩按成因及组成分为碎屑类、黏土类、化学及生物化学类等几类岩石（表1，图7—图12）。

表1 沉积岩的主要类型

类别	主要沉积物	常见岩石	特点
碎屑类	风化作用形成的碎屑	砾岩	碎屑岩中较大碎屑颗粒占一半以上
		砂岩	碎屑颗粒较砾岩小一些
黏土类	风化作用形成的颗粒较小的黏土矿物	泥岩	泥巴一样的岩石，硬度比一般的岩石要软，浸水后易磨损
		页岩	质地细密，不透水，具有较为明显的薄层层理
化学及生物化学类	化学风化后的溶解物质	石灰岩/灰岩	以方解石为主要成分的碳酸盐岩
		硅质岩	富含硅质成分，主要由石英等矿物组成

07

岩/石/三/兄/弟

图7 砾岩

▲ 砂岩石块

▲ 砂岩山体（美国羚羊谷）

图8 砂岩

图9 泥岩

▲ 页岩

▲ 页岩（含有化石）

图10 页岩

图11 石灰岩

图12 硅质岩

第一章 老师讲故事——透过岩石看世界

解密沉积岩"无字地书"

根据不同的沉积岩有不同的沉积环境，通过考察不同的沉积岩及其相互交错分层的关系，可以大胆地推测该岩层所处环境亿万年以来经历的"沧海桑田"的地质变化。此外，沉积岩中的化石也可以帮助我们了解地史时期古地理和古气候。所以说沉积岩就像地球的日记一样，我们读懂了沉积岩，就可以读懂地球漫长的地质历史（图13）。

图13 某地沉积岩

Q5

沉积岩的特点是_____。

Q6

沉积岩根据成因及组成可分为_____、_____和_____。

档案（五） 岩石三兄弟之间的转换

在三大类岩石中，沉积岩擅长用"细水长流"的方法占领地球表面，岩浆岩则更偏爱以"厚积薄发"的方式来宣告它的存在，而变质岩，用"今非昔比"这个成语来形容再合适不过了。

岩浆岩和变质岩形成之后，逐渐抬升到了地表。刚一到地面的时候还是个大块头。它们每天经受着风吹日晒和霜打雨淋，还有各种植物在它们身上生根发芽。慢慢地，大块头的岩浆岩和变质岩分解成了许多破碎的小颗粒，流入了江河湖海。这些小颗粒在运行的过程中，由于流速减缓等原因，它们开始堆积或凝结在一起，逐渐转变成了坚硬的沉积岩。

现在我们把视角转入地下。早先形成的各类岩石有部分会重新进入地球深处，地球深处就是一个高温高压的大炉子，经重熔作用部分岩石形成了岩浆，此后岩浆向上侵入到地层中或者喷出地表后，冷凝固结为岩浆岩。

另外，沉积岩、岩浆岩在地壳运动或岩浆活动的影响下受到温度、压力等的作用，原来岩石的矿物成分、结构和构造发生改变，从而形成了变质岩，即便是原来的变质岩也通过上述作用"晋升"为新的变质岩。

就这样，沉积岩、变质岩、岩浆岩这三兄弟之间在一定的条件下发生转换。

通过阅读以上内容，在下图的方框里填上三大类岩石的名称（图14）。

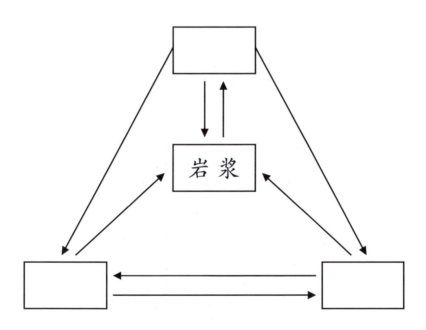

图14　三大类岩石相互转换示意图

第二章
岩石是如何"炼"成的

任务（一） 我来模拟沉积岩的炼成术

在老师的指导下，准备好不同颜色的软陶泥（图15），把不同颜色的软陶泥揉捏成不同大小的颗粒，模拟岩石碎屑，然后把这些不同颜色软陶泥一层一层垒起来，并把它们压实，等软陶泥模型干燥后，"沉积岩"就做成了。

图15 模拟沉积岩的材料

第二章 我的课堂我做主——岩石是如何"炼"成的

任务（二） 我给岩石做体检

根据老师提供的岩石标本，给对应的岩石编号，再分别描述岩石的特性，填入下表中（表2）。

表2 岩石特性观察表

岩石编号	颗粒大小	触觉	表面颜色	纹理特点	其他发现
	□大 □中 □小 □不明显				
	□大 □中 □小 □不明显				
	□大 □中 □小 □不明显				
	□大 □中 □小 □不明显				
	□大 □中 □小 □不明显				
	□大 □中 □小 □不明显				

注：表格中岩石特性可以按照以下提示填写。
　触觉：光滑、粗糙。
　表面颜色：灰色、青色、白色、红色、黑色等。
　纹理特点：花纹状、斑点状、层理状等。

岩/石/三/兄/弟

任务（三） 我给岩石归类分家

请对编好号的岩石进行分类，并记录在下列表格中（表3）。

表3 岩石分类记录表

岩石编号	沉积岩	岩浆岩	变质岩
	☐	☐	☐
	☐	☐	☐
	☐	☐	☐
	☐	☐	☐
	☐	☐	☐
	☐	☐	☐

注：在对应岩石类型的方框"☐"中画"√"。

14

第三章
我是小小地质学家

任务（一） 我会"读图识图"啦

利用罗盘或者指南针等工具，在粘贴的地图中标出目的地的大致位置，并说说你寻找的依据。

地图粘贴处

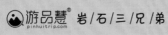

任务(二) 在目的地寻找岩石

以小组为单位,在目的地寻找沉积岩、岩浆岩或变质岩三大类岩石标本,分别描述岩石颜色、结构等特征,并选取其中一种岩石画出其轮廓、外貌形状等自然特征,均记录在下表中(表4)。

表4 岩石分类描述表

岩石名称	岩石描述	岩石素描图(选取一种即可)

第四章
快乐分享你我他

任务（一） 分组比一比，看谁找得多

统计各小组在目的地寻找到的岩石，比一比哪组寻找到的不同类型的岩石最多。

任务（二） 派代表发言，谈谈自己的收获

在老师带领下，请各小组代表说一说今天的收获。

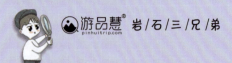

任务（三） 记录自己的收获

我的研学笔记

日期：_____年___月___日　　　　　　天气：_____

请记录今天学到的知识，观察到的有趣现象或过程，以及最大的收获。

研学思政：

地球上的三大类岩石——岩浆岩、沉积岩和变质岩，随着外力的作用都会破碎、熔融和重组，形成新的岩石。岩石就是这样不停地变化着，循环往复，周而复始。正如老子在《道德经》里说的："周行而不殆，可以为天地母"。结合岩石变化的这种自然规律，思考它对你的启发。

教学评价情况信息表

一、学生对课程实施情况的评价

学生姓名：_____ 学校：_____ 日期：_____

项目	类别	评价结果
1. 对课程教学的评价	（1）"老师讲故事"环节课程教学效果如何？	A. B. C. D.
	（2）"我的课堂我做主"环节课程教学效果如何？	A. B. C. D.
	（3）"户外瞧瞧去"环节课程教学效果如何？	A. B. C. D.
	（4）"今天我很棒"环节课程教学效果如何？	A. B. C. D.
2. 对基地/营地的评价	（5）基地/营地的安全保障情况如何？	A. B. C. D.
	（6）基地/营地的环境和硬件配套条件情况如何？	A. B. C. D.
	（7）基地/营地的服务情况如何？	A. B. C. D.
3. 对授课教师的评价	（8）教师的知识能力水平情况如何？	A. B. C. D.
	（9）教师的授课方式方法情况如何？	A. B. C. D.
	（10）教师的职业精神和师风师德情况如何？	A. B. C. D.

其他建议或意见：

评价说明：请在"评价结果"栏的ABCD选项中打"√"。A. 很好：90～100分；B. 较好：80～89分；C. 一般：70～79分；D. 较差：60～69分。

二、教师对学生学习情况的评价

学生姓名：_____　　学校：_____　　日期：_____

项目	类别	评价内容	评分
1. 学习过程成绩评价	（1）"老师讲故事"环节学习情况	能认真听讲、思考和回答问题等（20%）	
	（2）"我的课堂我做主"环节实验情况	①能积极思考、动手完成任务等（10%） ②具有科学精神、责任担当等（5%）	
	（3）"户外瞧瞧去"环节实践情况	①能积极思考、动手完成任务等（10%） ②具有科学精神、责任担当等（5%）	
	（4）"今天我很棒"环节学习情况	能总结和表达，持健康乐观态度等（10%）	
2. 学习成果成绩评价	（5）作业完成情况	能正确回答问题和完成课程作业（10%）	
	（6）学习成果或作品情况	能按要求提交学习成果或作品（20%）	
3. 其他方面评价	（7）个人精神面貌情况	具有纪律意识和良好的个人素质（5%）	
	（8）个人创新精神情况	具有实践创新意识和思想（5%）	
		总分	

教师评语：

1. 每项评价内容的成绩分为：优秀90～100分；良好80～89分；中等70～79分；及格60～69分；不及格60分以下。
2. 每项评价内容的成绩计算方式为：单项评分×权值（5%～20%）。

 中小学科普研学实践系列丛书

百万市民学科学——"江城科普读库"资助出版图书
中国地质大学（武汉）高等教育管理研究课题专项经费资助项目（2019F8A02）

〔化石〕

化石小猎人

刘福江　主编

图书在版编目（CIP）数据

化石小猎人 / 刘福江主编.
— 武汉：中国地质大学出版社，2021.12
（中小学科普研学实践系列丛书；2）
ISBN 978-7-5625-4990-1

Ⅰ. ①化⋯
Ⅱ. ①刘⋯
Ⅲ. ①化石-青少年读物
Ⅳ. ①Q911.2-49

中国版本图书馆CIP数据核字(2021)第230435号

化石小猎人

刘福江　主编

责任编辑：舒立霞　　　　　　　　　　　　　责任校对：何澍语

出版发行：中国地质大学出版社（武汉市洪山区鲁磨路388号）	邮政编码：430074
电话：(027)67883511　　传真：(027)67883580	E-mail: cbb@cug.edu.cn
经销：全国新华书店　　http://cugp.cug.edu.cn	
开本：880毫米×1230毫米　1/32	字数：156千字　　印张：7.5
版次：2021年12月第1版	印次：2021年12月第1次印刷
设计制作：武汉浩艺设计制作工作室	
印刷：湖北睿智印务有限公司	
ISBN：978-7-5625-4990-1	定价：198.00元（全10册）

如有印装质量问题请与印刷厂联系调换

《化石小猎人》编委会

主　　编：刘福江

副 主 编：陈　晶　林伟华　王文起　李　黎　郭　艳

编委成员：刘福江　林伟华　王文起　李　黎　李　卉　郭　艳
　　　　　戴小良　殷永辉

编委顾问：李长安　王文起　刘先国　陈　晶

目 录

第一章　老师讲故事——探索远古生命

档案（一）　什么是化石？ …………………………………… 01
档案（二）　化石是如何形成的？ …………………………… 03
档案（三）　我们能从化石中了解什么？ …………………… 04
档案（四）　化石燃料 ………………………………………… 06
档案（五）　哪里有化石？ …………………………………… 08
档案（六）　如何挖掘化石？ ………………………………… 10

第二章　我的课堂我做主——动手制作化石标本

任务（一）　复原三叶虫模型 ………………………………… 12
任务（二）　模拟化石挖掘 …………………………………… 13
任务（三）　化石模型拼接和辨认 …………………………… 14

第三章　户外瞧瞧去——我是小小古生物学家

任务（一）　我会"读图识图"啦 …………………………… 15
任务（二）　岩层与化石素描 ………………………………… 16

第四章　今天我很棒——快乐分享你我他

任务（一）　比一比，看哪位同学观察得最细致 …………… 17
任务（二）　派代表发言，谈谈自己的收获 ………………… 17
任务（三）　记录自己的收获 ………………………………… 18

第一章
探索远古生命

档案（一） 什么是化石？
▶▶▶ 小学《语文》（人教版）二年级上册 P$_{155}$《活化石》

化石是生活在很久以前的动物或者植物留下的遗体、遗物或印痕（遗迹）。有些化石是动植物的遗体，比如动物的牙齿（图1）；有些化石是动植物的遗物，比如动物的粪便（图2）；有些化石则是动植物的印痕，比如动物的足印等（图3）。

人们在世界的很多地方都发现了化石，迄今为止发现的最早化石距今34亿年。大部分化石被保存在沉积岩中，还有部分化石被保存在琥珀中。琥珀是石化的树脂。树脂是植物分泌的像胶水一样的黏性液体，在滴落的过程中若是困住了动物或者植物，经过石化之后就形成了琥珀化石（图4）。

图1 牙齿化石　　图2 粪便化石
图3 足迹化石　　图4 琥珀化石

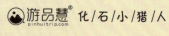

Q1

判断下列图片是否是化石,若是请在括号里画"√"(图5)。

( )　　　　　　( )

( )　　　　　　( )

图5　化石辨识

档案（二） 化石是如何形成的？
▶▶ 小学《语文》（冀教版）六年级下册 P₁₄₁《黄河象》

化石的形成一般经历了死亡、掩埋和石化 3 个过程，最后人们发现化石还需"暴露"过程（图 6）。

1. 死亡：生物死后未完全腐烂。
2. 掩埋：生物未完全腐烂前，被沙子和泥土等物质迅速埋藏。越来越多的泥沙会一层一层地堆积起来，生物遗体、遗物或者印痕被埋入地下。一般海洋生物容易形成化石。海洋的生物死后可以快速地被海洋沉积物所掩埋，可防止生物遗体被进一步分解至腐烂。
3. 石化：掩埋后的动植物遗体、遗物或者印痕和泥沙经过漫长的地质作用，逐渐变成了岩石。
4. 暴露：石化后的生物所在岩层由于地壳运动而抬升，其上层岩石被剥蚀，或经人工开挖使得化石露出地表。

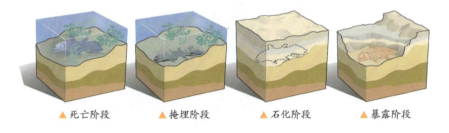

▲ 死亡阶段　　▲ 掩埋阶段　　▲ 石化阶段　　▲ 暴露阶段

图 6　化石形成及发现过程示意图

请想一想为什么我们见到的化石不多呢？

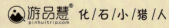

档案（三） 我们能从化石中了解什么？
▶▶ 小学《科学》（鄂教版）六年级下册 P_1—P_4

化石能够帮助我们了解地球生命的进化历史，因为很多远古的动物或者植物，现在已经不存在了，比如恐龙。化石还能够帮助我们了解远古生物的特点——它们的大小、形状或者生活习性等。比如，没有人真的见过恐龙，但是科学家通过对恐龙骨头化石的拼接和修复，可以了解恐龙的外貌以及习性等特点（图7）。

图7 修复后的黑龙江满洲龙骨架化石

中国地质大学逸夫博物馆陈列

第一章 老师讲故事——探索远古生命

化石还可让我们了解地球环境的变迁。比如，我国科学工作者在喜马拉雅山考察时，发现了岩石中含有鱼、海藻等海洋生物的化石，可以根据这些化石推测出喜马拉雅山曾经所处的地理环境是海洋。海洋生物化石有很多，如海藻化石、菊石化石、鱼化石等（图8）。

图8 海藻化石、菊石化石、鱼化石

Q3

在喜马拉雅山上发现海洋生物化石，据此推测出这里曾经很有可能是_____环境。

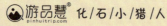

档案（四） 化石燃料

燃料指的是能燃烧并产生能量的物质。汽车、火车、飞机等交通工具需要燃料才能行驶。煤炭、石油和天然气都属于化石燃料。化石燃料是埋藏在地下的古代生物遗体在特定的地质条件下形成的，如煤炭的形成（图9）。

▼ 由于洪水，森林被掩埋在泥土之下。 ▼ 在高温高压下，死去的植物转化成褐煤。 ▼ 在进一步的高温高压下，褐煤转化成煤炭。

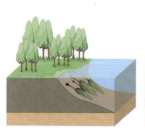  

▲ 数百万年

图9 煤炭形成示意图

第一章　老师讲故事——探索远古生命

　　远古时期，森林植物死亡后被埋在泥土之下，首先变成比较软的褐煤（图10），褐煤长期在高温高压下，经过一系列的变化慢慢变成了煤炭（图11）。这一过程需要几百万年乃至上千万年。

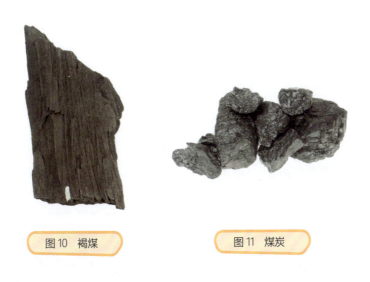

图10　褐煤　　　　　　　图11　煤炭

简单说说煤炭的形成过程。

档案（五） 哪里有化石？

化石大部分保存在沉积岩中，人们常常在泥岩、砂岩、石灰岩等沉积岩中发现化石（图12、图13）。

泥岩——常见灰白色、灰绿色、褐黄色等颜色，主要由黏土矿物组成，摸起来很细腻，很柔软，用舌头舔一舔还很黏。

砂岩——摸起来比较粗糙，有种摸砂纸的感觉，用肉眼或放大镜可以看到岩石里面的砂粒。

石灰岩——常见灰色、灰白色、灰黑色等颜色，硬度一般不大，是海水中的碳酸钙缓慢析出沉积而成，与稀盐酸反应剧烈。

▲ 泥岩中的三叶虫化石

▲ 泥岩中的鱼化石

图12 泥岩中的化石

第一章 老师讲故事——探索远古生命

▲ 砂岩中的树叶化石

▲ 砂岩中的恐龙蛋化石

▲ 石灰岩中的双壳类动物化石

▲ 石灰岩中的头足类动物化石

图13 砂岩和石灰岩中的化石

Q5

化石大部分保存在_____岩中。

09

档案（六） 如何挖掘化石？

化石挖掘过程中，从精细的牙科刮刀，到大锤子，甚至重型挖掘机等工具都能用得到，常用工具见图14。一般的挖掘方法如下：

1. 挖掘离化石层较远的土石时，可以使用大镐、铁锹来挖。

2. 挖掘到离化石层较近时，尤其化石表面暴露时，要使用小工具，比如扁铲、小钩等顺着岩石纹理进行挖掘。

3. 化石露出表面时，要用毛刷仔细清扫覆在化石上面的浮土，注意此时工具不可以直接对着化石，避免工具误伤化石。

4. 化石挖掘出来后，要对化石进行编号，记录产地、产出层位、采集时间、采集人等。化石要用卫生纸或者报纸包裹好。

5. 返回室内后要及时整理采集到的化石。

第一章　老师讲故事——探索远古生命

图14　化石挖掘常用工具

请说一说挖掘化石需注意的事项。

第二章 动手制作化石标本

任务（一） 复原三叶虫模型

三叶虫属于海洋中的一种远古动物，生于海底，种类繁多，大小不一。虫体背部的壳被两条轴线分成三部分——一个中轴、两个侧叶，故称三叶虫。三叶虫由前至后又分为头、胸、尾三部分。三叶虫化石几乎在各大陆都被发现过，是寒武纪遍布世界的节肢动物。

结合以上文字描述和三叶虫化石的图片（图15），根据所给的材料，试着复原出三叶虫模型。

图15 三叶虫化石

复原后三叶虫模型照片粘贴处

任务（二） 模拟化石挖掘

利用化石挖掘工具，在石膏中挖掘出"恐龙化石"吧！挖掘过程中，可参考档案（六）中提到的部分方法。挖掘完成之后，试着与同学们分享一下自己挖掘过程中的体会和想法。

任务（三） 化石模型拼接和辨认

将任务（二）中挖掘出来的"恐龙化石"拼接好，并辨认该"化石"是什么恐龙的"化石"吧！

第三章
我是小小古生物学家

任务（一） 我会"读图识图"啦

利用罗盘或者指南针等工具，在粘贴的地图中标出目的地的大致位置，并说说你是如何找到的。

地图粘贴处

任务（二） 岩层与化石素描

岩层素描

在老师带领下一起去寻找沉积岩层，观察找到的岩层的特点并画下来。

化石素描

根据老师所给的目的地常见的化石或者化石图片，观察其特点并画下来。

第四章
快乐分享你我他

任务（一） 比一比，看哪位同学观察得最细致

比一比，看哪位同学观察到的岩层和化石的不同特征最多？

任务（二） 派代表发言，谈谈自己的收获

在老师带领下，请同学代表说一说今天的收获。

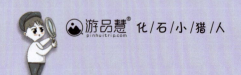

任务（三） 记录自己的收获

我的研学笔记

日期：_____年___月___日　　　　天气：_____

请记录今天学到的知识，观察到的有趣现象或过程，以及最大的收获。

研学思政：

现代诗人张锋写过一首诗歌《化石吟》，最后一段是这么描写的："逝去万载的世界又重现，沉睡亿年的石头说了话。长眠地下刚苏醒的化石啊，你讲的故事多么令人神往、惊讶！"结合《化石小猎人》的实践体会，说说你对这段诗歌的理解或者思考。

教学评价情况信息表

一、学生对课程实施情况的评价

学生姓名：_____   学校：_____   日期：_____

项目	类别	评价结果
1.对课程教学的评价	（1）"老师讲故事"环节课程教学效果如何？	A. B. C. D.
	（2）"我的课堂我做主"环节课程教学效果如何？	A. B. C. D.
	（3）"户外瞧瞧去"环节课程教学效果如何？	A. B. C. D.
	（4）"今天我很棒"环节课程教学效果如何？	A. B. C. D.
2.对基地/营地的评价	（5）基地/营地的安全保障情况如何？	A. B. C. D.
	（6）基地/营地的环境和硬件配套条件情况如何？	A. B. C. D.
	（7）基地/营地的服务情况如何？	A. B. C. D.
3.对授课教师的评价	（8）教师的知识能力水平情况如何？	A. B. C. D.
	（9）教师的授课方式方法情况如何？	A. B. C. D.
	（10）教师的职业精神和师风师德情况如何？	A. B. C. D.

其他建议或意见：

评价说明：请在"评价结果"栏的ABCD选项中打"√"。A.很好：90~100分；B.较好：80~89分；C.一般：70~79分；D.较差：60~69分。

二、教师对学生学习情况的评价

学生姓名：_____　　学校：_____　　日期：_____

项目	类别	评价内容	评分
1. 学习过程成绩评价	（1）"老师讲故事"环节学习情况	能认真听讲、思考和回答问题等（20%）	
	（2）"我的课堂我做主"环节实验情况	①能积极思考、动手完成任务等（10%）	
		②具有科学精神、责任担当等（5%）	
	（3）"户外瞧瞧去"环节实践情况	①能积极思考、动手完成任务等（10%）	
		②具有科学精神、责任担当等（5%）	
	（4）"今天我很棒"环节学习情况	能总结和表达，持健康乐观态度等（10%）	
2. 学习成果成绩评价	（5）作业完成情况	能正确回答问题和完成课程作业（10%）	
	（6）学习成果或作品情况	能按要求提交学习成果或作品（20%）	
3. 其他方面评价	（7）个人精神面貌情况	具有纪律意识和良好的个人素质（5%）	
	（8）个人创新精神情况	具有实践创新意识和思想（5%）	
		总分	

教师评语：

1. 每项评价内容的成绩分为：优秀90～100分；良好80～89分；中等70～79分；及格60～69分；不及格60分以下。
2. 每项评价内容的成绩计算方式为：单项评分×权值（5%～20%）。

中小学科普研学实践系列丛书

百万市民学科学——"江城科普读库"资助出版图书

中国地质大学（武汉）高等教育管理研究课题专项经费资助项目（2019F8A02）

小学版

3

〔宝石〕

宝石大磨王

刘福江　主编

中国地质大学出版社
ZHONGGUO DIZHI DAXUE CHUBANSHE

图书在版编目（CIP）数据

宝石大磨王 / 刘福江主编.
— 武汉：中国地质大学出版社，2021.12
（中小学科普研学实践系列丛书；3）
ISBN 978-7-5625-4990-1

Ⅰ. ①宝…
Ⅱ. ①刘…
Ⅲ. ①宝石-青少年读物
Ⅳ. ①P578-49

中国版本图书馆CIP数据核字(2021)第230436号

宝石大磨王		刘福江　主编	

责任编辑：舒立霞　　　　　　　　　　　　责任校对：何湔语

出版发行：中国地质大学出版社（武汉市洪山区鲁磨路388号）　邮政编码：430074
电　话：(027)67883511　　传　真：(027)67883580　　E-mail：cbb@cug.edu.cn
经　销：全国新华书店　　　　http：//cugp.cug.edu.cn

开本：880毫米×1230毫米　1/32	字数：156千字	印张：7.5
版次：2021年12月第1版		印次：2021年12月第1次印刷

设计制作：武汉浩艺设计制作工作室
印　刷：湖北睿智印务有限公司

ISBN：978-7-5625-4990-1　　　　　　　　　　　定价：198.00元（全10册）

如有印装质量问题请与印刷厂联系调换

《宝石大磨王》编委会

主　　编：刘福江
副 主 编：李　黎　郭　艳　林伟华　王文起　殷永辉
编委成员：刘福江　林伟华　王文起　李　黎　李　卉　郭　艳
　　　　　戴小良　殷永辉
编委顾问：李长安　王文起　刘先国　陈　晶

目　录

第一章　老师讲故事——探索宝石奥秘

档案（一）什么是宝石？ ………………………………… 01
档案（二）宝石的光泽 …………………………………… 02
档案（三）宝石的光学效应 ……………………………… 03
档案（四）常见贵重宝石 ………………………………… 05
档案（五）宝石与原石 …………………………………… 10

第二章　我的课堂我做主——动手加工宝石

任务（一）"火眼金睛"辨宝石 ………………………… 12
任务（二）挖掘宝石 ……………………………………… 13
任务（三）观察宝石的光学效应 ………………………… 14
任务（四）亲手制作宝石项链 …………………………… 14

第三章　户外瞧瞧去——我是小小宝石鉴定师

任务（一）我会"读图识图"啦 ………………………… 15
任务（二）宝石大搜寻 …………………………………… 16

第四章　今天我很棒——快乐分享你我他

任务（一）分组比一比，看哪组"搜寻"最出色 ……… 17
任务（二）派代表发言，谈谈自己的收获 ……………… 17
任务（三）记录自己的收获 ……………………………… 18

第一章
探索宝石奥秘

老师讲故事

档案（一） 什么是宝石？
▶▶ 小学《语文》（北师大版）三年级下册 P$_{59}$《中国石》

宝石一般色泽美丽、晶莹剔透、坚实耐久、化学性质稳定、具有特殊光学效应。宝石的形成要追溯到10亿年前，它们在地球最极端的条件下被锻造而成。有科学家比喻，我们的地球就像一位顶级大厨，它知道如何恰到好处地设定温度和压力，使用合适的原料，调制出各种各样的宝石（图1）。

自然界的矿物有近4000种，但是能够成为宝石的不足百种，常见宝石不过20多种。什么样的矿物能称为宝石呢？必须满足4个条件——美丽、无害、耐久、稀少。

图1 宝石

Q1 宝石一般是一种特殊的矿物，那矿物一定是宝石吗？

档案（二） 宝石的光泽
▶▶▶ 小学《科学》（苏教版）五年级下册 P₄₃—P₄₈

人们常说"珠光宝气"，这里的光、气本意都是指闪耀的光泽。宝石的光泽反映了宝石对光的反射能力，属于宝石材料本身的性质，可作为判断宝石种类的一个因素。宝石光泽可以分为金属光泽、半金属光泽、金刚光泽、玻璃光泽。

金属光泽是光泽最强的等级，具金属光泽的宝石矿物，表面呈金属般的光亮，不透明，如黄金。半金属光泽比金属光泽稍弱。金属光泽和半金属光泽的宝石矿物极少。金刚光泽就是如同钻石表面的光泽，闪亮耀眼，但不具金属感。具有金刚光泽的天然宝石通常价格不低。玻璃光泽看上去跟玻璃差不多，如红宝石、蓝宝石、祖母绿、碧玺、水晶等，绝大多数的宝石光泽都属于此类（图2）。

此外，有些宝石还具有一些特殊的光泽，如珍珠光泽、蜡状光泽等。

▲ 金属光泽（黄金）

▲ 金刚光泽（钻石）

▲ 玻璃光泽（水晶）

图2 宝石的光泽

Q2 加工后的钻石具有（　　）光泽。
A. 金属　　B. 金刚　　C. 玻璃

档案（三） 宝石的光学效应

宝石之美，不仅在于其色彩之美、材质之美，具有特殊光学效应的宝石更是美不胜收。宝石的特殊光学效应，指的是在可见光的照射下，宝石对光的一系列作用所产生的特殊光学现象。宝石特殊的光学效应包括星光、猫眼、变色、晕彩等多种，每一种都能让宝石变得更加华美而绚丽。现列举两种光学效应——猫眼效应和星光效应（图3）。

猫眼效应

猫眼效应，指的是在正常光线照射下，宝石中会出现一道明亮的光带，转动宝石，光带也随之闪动，看起来如同灵动的猫眼。在所有宝石中，具有猫眼效应的宝石品种很多，但是只有具猫眼效应的金绿宝石才被称为"猫眼石"，其他则需要加上前缀，比如"碧玺猫眼""石英猫眼"等。

星光效应

星光效应,指的是在平行光照射下,某些弧面形的宝石表面,会呈现两条或者两条以上亮线交叉的光学现象,好似夜空中闪耀的星光。星光效应根据亮线条数可分为四射星光、六射星光、十二射星光等。常见具有星光效应的宝石品种有粉晶、红宝石、蓝宝石、石榴石等。

▲ 猫眼效应

▲ 星光效应

图3 宝石的光学效应

Q3

试着画出宝石星光效应中的四射星光。

档案（四） 常见贵重宝石

钻石

宝石级的金刚石称为钻石，被誉为"宝石之王"。金刚石是由碳元素组成的天然矿物，是目前已知自然界中最硬的物质。它抗磨性及耐腐蚀性很强，经过切割和琢磨后，可呈现出五光十色的光学效应，美丽异常，不易褪色（图4）。

金刚石一般形成于地下140～150千米深的地方，平均每百吨矿石才能采得几克拉至几十克拉的钻石。（克拉是贵重宝石和金属的质量计量单位，1克拉等于0.2克。）

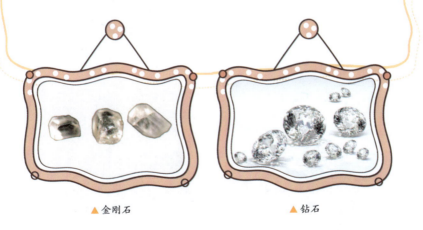

▲ 金刚石　　　　　　▲ 钻石

图4　金刚石和加工后的钻石

红宝石和蓝宝石

红宝石和蓝宝石从矿物学的角度来说都属于刚玉。纯净的刚玉是无色的,由于含有不同的杂质而呈现不同的颜色。呈现为红色的为红宝石,呈现为蓝色或者其他颜色的则为蓝宝石。

红宝石相对较小(很少超过 10 克拉),某些红宝石还可见星光效应。蓝宝石一般按照颜色和特殊的光学效应命名,如黄色蓝宝石、星光蓝宝石等。蓝宝石能生长得比较大,价格相对红宝石稍低(图 5)。红宝石和蓝宝石的硬度仅次于钻石,和钻石、祖母绿、金绿宝石并称为"四大名贵宝石"。

▲ 红色刚玉　　　　　▲ 红宝石

▲ 其他颜色刚玉　　　▲ 蓝宝石

图5　刚玉和加工后的宝石

金绿宝石

金绿宝石颜色呈现金黄色、黄色、绿色、淡红色等,透明至半透明,被加工成弧面形宝石后,有的可呈现明显的猫眼效应,被称为"猫眼石"(图6)。

图6 猫眼石

祖母绿、海蓝宝石

祖母绿、海蓝宝石是宝石级的绿柱石,自古就是一种珍贵宝石,在古埃及就已经用于制作珠宝。绿柱石因杂质不同而呈现蓝色、黄色、翠绿色、红色及粉红色。蓝绿色的绿柱石称为海蓝宝石。祖母绿因其深绿色而闻名,被誉为"绿色宝石之王",耐腐蚀,但易碎。祖母绿是四大名贵宝石之一,优质者,价格可与钻石媲美(图7)。

▲ 绿色绿柱石　　▲ 蓝绿色绿柱石　　▲ 海蓝宝石

▲ 祖母绿

图7 绿柱石和加工后的宝石

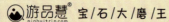

水晶

水晶是透明度高的石英晶体。纯净的石英是无色透明的，由于所含有的杂质不同，水晶呈现不同的颜色，如紫晶、烟晶、黄晶、蔷薇水晶等（图8）。

图8 石英和加工后的水晶宝石

第一章　老师讲故事——探索宝石奥秘

Q4

衡量宝石质量的单位是_____。

Q5

被称为"猫眼石"的宝石是_____。

档案（五） 宝石与原石

常见宝石对应的矿物名称列表如下（表1）。

表1 宝石与对应的矿物名称表

宝石名称	矿物名称
钻石	金刚石
红宝石 蓝宝石	刚玉
猫眼石	金绿宝石
祖母绿（深绿色） 海蓝宝石（蓝绿色）	绿柱石
紫晶	石英
黄晶	
烟晶	
蔷薇水晶	

第一章 老师讲故事——探索宝石奥秘

Q6

下列哪两种宝石对应的矿物相同？（ ）
A. 红宝石　　B. 猫眼石　　C. 蓝宝石　　D. 祖母绿

Q7

说说水晶、钻石对应的矿物分别是什么？

11

第二章
动手加工宝石

任务（一） "火眼金睛"辨宝石

根据老师展示的图片，请同学们辨认宝石和对应矿物，将辨认结果填入下表中（表2）。

表2　宝石及对应矿物辨认表

宝石编号	宝石名称	矿物名称

第二章 我的课堂我做主——动手加工宝石

任务（二） 挖掘宝石

每位同学准备好一个含有宝石的石膏体以及相应的挖掘和防护工具，开始令人期待的挖掘工作吧！完成之后，描述一下自己挖到的宝石特点，并填入下表中（表3）。

表3 宝石特征观察记录表

宝石编号	宝石名称	颜色	光泽	其他

任务（三） 观察宝石的光学效应

每位同学利用聚焦手电筒，参考档案（三）的内容，试着观察任务（二）中挖到的宝石的光学效应，并记录下来（表4）。

表4 宝石的光学效应记录表

宝石名称	描述或画出观察到的光学效应

任务（四） 亲手制作宝石项链

每位同学准备好一张砂纸、一条银丝，在老师的指导下将任务（二）中挖到的或老师发放的宝石，用砂纸打磨出自己喜欢的形状，并用细绳或金属丝固定和串起宝石，亲手制作一条宝石项链吧！

第三章
我是小小宝石鉴定师

任务（一） 我会"读图识图"啦

在老师带领下参观当地有关宝石的博物馆或者陈列馆。利用罗盘或者指南针等工具，在粘贴的地图中标出博物馆或者陈列馆的大致位置，并说说你寻找的依据。

地图粘贴处

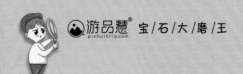

任务（二） 宝石大搜寻

以小组为单位，根据老师所给的任务卡片（表5），在博物馆或者陈列馆中搜寻卡片中所列的宝石，记录宝石所在的陈列地点（如楼层、陈列厅、展柜等），并用语言或者图画的形式记录下该宝石的外观特点（如颜色、光泽等）。

表5 宝石搜寻任务卡片

宝石名称	陈列地点（根据具体情况，可填写楼层、陈列厅、展柜等）	观察记录（语言或者图画的形式）

第四章
快乐分享你我他

任务（一） 分组比一比，看哪组"搜寻"最出色

评比各小组在"宝石大搜寻"任务中的表现，看哪组完成任务的时间最短，所做的观察记录最详细或者最接近真实状况。

任务（二） 派代表发言，谈谈自己的收获

在老师带领下，请各小组代表说一说今天的收获。

游品慧 宝/石/大/磨/王

任务（三） 记录自己的收获

我的研学笔记

日期：_____ 年 ___ 月 ___ 日　　　　　天气：_____

　　请记录今天学到的知识，观察到的有趣现象或过程，以及最大的收获。

研学思政：

　　《三字经》中写到："玉不琢，不成器"。一颗宝石不仅需要地质条件上的千锤百炼才能形成，更需要精雕细琢的复杂工艺才能呈现出它的美丽高贵！结合你的生活或者学习，思考这段话对你的启发。

教学评价情况信息表

一、学生对课程实施情况的评价

学生姓名：_____   学校：_____   日期：_____

项目	类别	评价结果
1. 对课程教学的评价	（1）"老师讲故事"环节课程教学效果如何？	A. B. C. D.
	（2）"我的课堂我做主"环节课程教学效果如何？	A. B. C. D.
	（3）"户外瞧瞧去"环节课程教学效果如何？	A. B. C. D.
	（4）"今天我很棒"环节课程教学效果如何？	A. B. C. D.
2. 对基地/营地的评价	（5）基地/营地的安全保障情况如何？	A. B. C. D.
	（6）基地/营地的环境和硬件配套条件情况如何？	A. B. C. D.
	（7）基地/营地的服务情况如何？	A. B. C. D.
3. 对授课教师的评价	（8）教师的知识能力水平情况如何？	A. B. C. D.
	（9）教师的授课方式方法情况如何？	A. B. C. D.
	（10）教师的职业精神和师风师德情况如何？	A. B. C. D.

其他建议或意见：

评价说明：请在"评价结果"栏的ABCD选项中打"√"。A.很好：90～100分；B.较好：80～89分；C.一般：70～79分；D.较差：60～69分。

二、教师对学生学习情况的评价

学生姓名：_____　　学校：_____　　日期：_____

项目	类别	评价内容	评分
1.学习过程成绩评价	（1）"老师讲故事"环节学习情况	能认真听讲、思考和回答问题等（20%）	
	（2）"我的课堂我做主"环节实验情况	①能积极思考、动手完成任务等（10%）	
		②具有科学精神、责任担当等（5%）	
	（3）"户外瞧瞧去"环节实践情况	①能积极思考、动手完成任务等（10%）	
		②具有科学精神、责任担当等（5%）	
	（4）"今天我很棒"环节学习情况	能总结和表达，持健康乐观态度等（10%）	
2.学习成果成绩评价	（5）作业完成情况	能正确回答问题和完成课程作业（10%）	
	（6）学习成果或作品情况	能按要求提交学习成果或作品（20%）	
3.其他方面评价	（7）个人精神面貌情况	具有纪律意识和良好的个人素质（5%）	
	（8）个人创新精神情况	具有实践创新意识和思想（5%）	
		总分	

教师评语：

1. 每项评价内容的成绩分为：优秀90～100分；良好80～89分；中等70～79分；及格60～69分；不及格60分以下。
2. 每项评价内容的成绩计算方式为：单项评分×权值（5%～20%）。

中小学科普研学实践系列丛书

百万市民学科学——"江城科普读库"资助出版图书
中国地质大学（武汉）高等教育管理研究课题专项经费资助项目（2019F8A02）

小学版 4 〔矿物〕

矿物硬度大比拼

刘福江 主编

中国地质大学出版社
ZHONGGUO DIZHI DAXUE CHUBANSHE

图书在版编目（CIP）数据

矿物硬度大比拼 / 刘福江主编.
— 武汉：中国地质大学出版社，2021.12
（中小学科普研学实践系列丛书；4）
ISBN 978-7-5625-4990-1

Ⅰ. ①矿⋯
Ⅱ. ①刘⋯
Ⅲ. ①矿物-青少年读物
Ⅳ. ①P57-49

中国版本图书馆CIP数据核字(2021)第230437号

矿物硬度大比拼		刘福江　主编
责任编辑：舒立霞		责任校对：何澍语

出版发行：中国地质大学出版社（武汉市洪山区鲁磨路388号）　邮政编码：430074
电　话：(027)67883511　　传　真：(027)67883580　　E-mail：cbb@cug.edu.cn
经　销：全国新华书店　　http://cugp.cug.edu.cn

开本：880毫米×1230毫米　1/32　　字数：156千字　　印张：7.5
版次：2021年12月第1版　　　　　　　　　　　　印次：2021年12月第1次印刷
设计制作：武汉浩艺设计制作工作室
印　刷：湖北睿智印务有限公司

ISBN：978-7-5625-4990-1　　　　　　　　　定价：198.00元（全10册）

如有印装质量问题请与印刷厂联系调换

《矿物硬度大比拼》编委会

主　　编：刘福江

副 主 编：戴小良　郭　艳　林伟华　王文起　李　黎

编委成员：刘福江　林伟华　王文起　李　黎　李　卉　郭　艳
　　　　　戴小良　殷永辉

编委顾问：李长安　王文起　刘先国　陈　晶

目 录

第一章　老师讲故事——神奇的矿物世界

档案（一）什么是矿物？ …………………………… 01
档案（二）矿物与我们的生活 …………………… 03
档案（三）矿物的性质 ……………………………… 05
档案（四）矿物与岩石 ……………………………… 11

第二章　我的课堂我做主——矿物硬度大比拼

任务（一）矿物晶形模型制作 …………………… 12
任务（二）矿物的条痕检测 ……………………… 13
任务（三）矿物硬度大比拼 ……………………… 14

第三章　户外瞧瞧去——我是小小地质学家

任务（一）我会"读图识图"啦 …………………… 15
任务（二）野外找岩石，辨别矿物 ……………… 16

第四章　今天我很棒——快乐分享你我他

任务（一）分组比一比，看谁找得多 …………… 17
任务（二）派代表发言，谈谈自己的收获 ……… 17
任务（三）记录自己的收获 ……………………… 18

第一章
神奇的矿物世界

档案（一） 什么是矿物？
▶▶ 小学《科学》（教科版）四年级下册 P$_{71}$—P$_{80}$

矿物既不是植物，也不是动物。它是自然界中天然形成的、无生命的固体物质，正是它们组成了岩石。自然界的矿物近 4000 种，常见的有 100 多种。

判断下列图片是否是矿物，若是请在括号里画"√"（图1）。

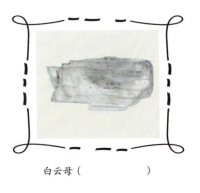

白云母（　　　）

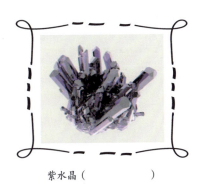

紫水晶（　　　）

矿/物/硬/度/大/比/拼

石灰岩（　　　）　　　珍珠（　　　　）

萤石（　　　）　　　花岗岩（　　　　）

图1 辨别矿物

第一章 老师讲故事——神奇的矿物世界

档案（二） 矿物与我们的生活

矿物虽然没有生命，但是所有的生物，包括我们自己在内每天都离不开矿物。

几乎所有的食物中都含有一些矿物质。另外我们炒菜用的盐就是一种矿物，写字用的铅笔笔芯中含有一种叫作石墨的矿物，含氟牙膏中的氟主要来源于一种被称为萤石的矿物。金、银、铜和铁等金属都是非常有用的矿物。我们可以用黄金制作戒指，用铜制作铜壶和铜锅等物品（图2）。

◀ 石墨以及铅笔

萤石以及含氟牙膏 ▶

◀ 铜块以及铜锅

图2 矿物与生活

矿/物/硬/度/大/比/拼

列出你今天做的3件使用矿物的事情,填入下表中(表1)。

表1 生活中利用矿物记录表

项目	矿物

第一章　老师讲故事——神奇的矿物世界

档案（三）　矿物的性质
▶▶ 小学《科学》（教科版）四年级下册 P_{47}—P_{48}

矿物的颜色

颜色是矿物最容易观察的特征之一。大多数矿物只有一种颜色，如蓝铜矿一般呈蓝色，黄铁矿一般呈浅黄铜色。但是有些矿物因含有的杂质不同或者其他原因而呈现不同的颜色。比如，石英可有紫色、黄色、白色、粉色、棕色等不同的颜色（图3）。

▲ 蓝色蓝铜矿

▲ 金色黄铁矿

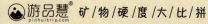

▲ 多种颜色的石英

图3 矿物的颜色

矿物的条痕

矿物在粗糙的表面划擦时,大多数会留下痕迹,这种痕迹叫作条痕。矿物条痕的颜色是相对可靠的。即使一种矿物看上去有几种颜色,其条痕的颜色通常是相同的。例如,石英因含有的杂质不同而有多种颜色,但它的条痕颜色通常为白色。所以观察矿物的条痕颜色是鉴别矿物的一种方法。

第一章　老师讲故事——神奇的矿物世界

矿物的光泽

光泽是指矿物的表面反射光所表现的特征。有些矿物有很好的光泽，有的则暗淡无光。光泽可分为金属光泽、玻璃光泽、土状光泽、珍珠光泽（或油脂光泽）等。金属光泽看起来像擦亮的金属，玻璃光泽看起来就像玻璃一样闪耀，土状光泽是指看起来像泥土表面，光泽暗淡。还有些矿物看起来是柔和的光泽，可描述为丝绢光泽、油脂光泽或者珍珠光泽（图4）。

金属光泽（黄铁矿）▼　　　　▼玻璃光泽（石英）

油脂光泽或者珍珠光泽（滑石）▲　　　▲土状光泽（高岭石）

图4　矿物的光泽

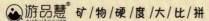

矿物的硬度

识别矿物的时候往往会测试其硬度。矿物中硬度最小的是滑石,用指甲就可以轻松地划出痕迹。滑石是化妆品与儿童爽身粉的主要原料之一。矿物中硬度最大的是金刚石,只有用另一块金刚石才能划出痕迹。金刚石广泛地应用于研磨、切割、抛光等重要工具的制作中(图5)。

我们可以先比较指甲、回形针、小钢钉哪个最软,哪个最硬,然后用它们作为判断软硬的标准,分别去刻画矿物,从而分辨出矿物的硬度。

▲ 金刚石

▲ 滑石

图5 硬度最大和最小的矿物

第一章 老师讲故事——神奇的矿物世界

矿物的形状

矿物晶体的形状通常是规则的立体几何图形,然而矿物的天然结晶体完整晶型并不多见,矿物的形状往往不容易辨认。矿物如果能够获得完整的结晶体,就可被当作标本或者珍品,甚至作为宝石收藏起来(图6)。

▲ 这个晶体几乎是完美的立方体

▲ 这个晶体的一部分是锥体,另一部分是六棱柱

图6 矿物晶体的形状

以下哪种矿物具有土状光泽,在其下面的括号里画"√"(图7)。

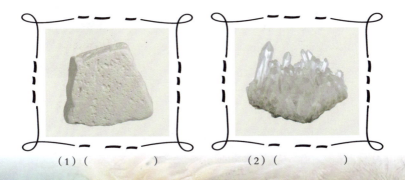

(1)(　　)　　　　(2)(　　)

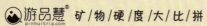 矿/物/硬/度/大/比/拼

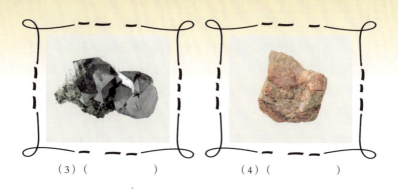

（3）（　　　）　　（4）（　　　）

图7　矿物的光泽判断

Q4

说出下图中每种矿物晶体是什么图形（图8）？

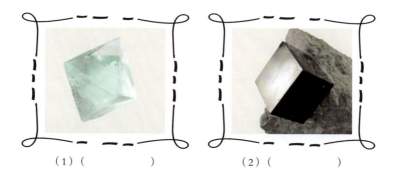

（1）（　　　）　　（2）（　　　）

图8　矿物晶体的形状描述

第一章 老师讲故事——神奇的矿物世界

档案（四） 矿物与岩石
小学《科学》（苏教版）五年级下册 P_{43}—P_{48}

有些岩石由许多种矿物组成，有些岩石仅由一种矿物组成。大部分岩石由极少数常见矿物组成，这些矿物被称为造岩矿物。常见的有以下几种（图9）。

（1）黑云母：颜色从黑色到褐色、红色或绿色都有，具有玻璃光泽。形状为板状、片状。

（2）石英：纯净的石英无色透明，因含某些杂质使得透明度降低。玻璃光泽，无节理，断口呈油脂光泽，贝壳状断口。

（3）斜长石：白色或灰白色，呈板状，玻璃光泽。

（4）钾长石：也称正长石，通常呈肉红色，有时呈白色或灰色，玻璃光泽。

图9 常见的造岩矿物

第二章
矿物硬度大比拼

任务(一) 矿物晶形模型制作

矿物有正方体、正八面体、五角十二面体、三角正二十面体等晶体形状(图10)。利用老师发的平面图纸及胶带,制作出矿物晶形的立体纸模型,并说说你制作出来的纸模型属于哪种形状。

▲ 正方体

▲ 正八面体

▲ 五角十二面体

▲ 三角正二十面体

图10 部分矿物晶体形状

任务（二） 矿物的条痕检测

每组同学选取几种矿物，首先观察矿物的颜色，然后把它们分别放在陶瓷瓦片的粗糙面（或者白色的无釉瓷板）上摩擦，瓦片（或者瓷板）上留下的痕迹就是矿物的条痕[参考档案（三）]，将检测结果填入下表中（表2）。

表2 矿物的条痕检测记录表

矿物名称	矿物的颜色	条痕的颜色

矿/物/硬/度/大/比/拼

任务（三） 矿物硬度大比拼

同学们在老师指导下进行分组，每个小组任意挑选4种不同矿物，小组成员可以通过指甲、回形针、小钢钉和矿物相互刻划等方法来对这4种矿物进行硬度比较[具体方法可以参考档案（三）]，并按照从硬到软的顺序，记录在下表中（表3）。

表3 矿物硬度大比拼记录表

矿物名称	硬度排列

第三章
我是小小地质学家

任务（一） 我会"读图识图"啦

利用罗盘或者指南针等工具，在粘贴的地图中标出目的地的大致位置，并说说你寻找的依据。

地图粘贴处

任务（二） 野外找岩石，辨别矿物

分组在野外寻找岩石，试着辨认出各岩石的造岩矿物[参考档案（四）]，并从颜色、硬度、晶形等方面记录该矿物的特征[参考档案（三）]，填入下表中（表4）。

表4 造岩矿物辨别表

编号	岩石名称	造岩矿物	特征
01			
02			
03			

第四章
快乐分享你我他

任务（一） 分组比一比，看谁找得多

统计各小组在目的地寻找到的岩石，比一比哪组辨认出的造岩矿物最多。

任务（二） 派代表发言，谈谈自己的收获

在老师带领下，请各小组代表说一说今天的收获。

任务（三） 记录自己的收获

我的研学笔记

日期：_____年___月___日　　　　　　　天气：_____

请记录今天学到的知识，观察到的有趣现象或过程，以及最大的收获。

研学思政：

自然界中的矿物多种多样，每种矿物的性质都不一样，比如说最硬的金刚石和最软的滑石，它们的硬度相差巨大，但是人们却能根据它们不同的特点，找到相应的开发利用方式。另外，由于花岗岩所含矿物的硬度较高，岩石比较坚固，人们常用"花岗岩脑袋"来形容顽固不化的人。结合生活实际，说说这段话对你的启发。

教学评价情况信息表

一、学生对课程实施情况的评价

学生姓名：_____　　学校：_____　　日期：_____

项目	类别	评价结果
1. 对课程教学的评价	（1）"老师讲故事"环节课程教学效果如何？	A. B. C. D.
	（2）"我的课堂我做主"环节课程教学效果如何？	A. B. C. D.
	（3）"户外瞧瞧去"环节课程教学效果如何？	A. B. C. D.
	（4）"今天我很棒"环节课程教学效果如何？	A. B. C. D.
2. 对基地/营地的评价	（5）基地/营地的安全保障情况如何？	A. B. C. D.
	（6）基地/营地的环境和硬件配套条件情况如何？	A. B. C. D.
	（7）基地/营地的服务情况如何？	A. B. C. D.
3. 对授课教师的评价	（8）教师的知识能力水平情况如何？	A. B. C. D.
	（9）教师的授课方式方法情况如何？	A. B. C. D.
	（10）教师的职业精神和师风师德情况如何？	A. B. C. D.

其他建议或意见：

评价说明：请在"评价结果"栏的ABCD选项中打"√"。A.很好：90～100分；B.较好：80～89分；C.一般：70～79分；D.较差：60～69分。

二、教师对学生学习情况的评价

学生姓名：_____ 学校：_____ 日期：_____

项目	类别	评价内容	评分
1.学习过程成绩评价	（1）"老师讲故事"环节学习情况	能认真听讲、思考和回答问题等（20%）	
	（2）"我的课堂我做主"环节实验情况	①能积极思考、动手完成任务等（10%）	
		②具有科学精神、责任担当等（5%）	
	（3）"户外瞧瞧去"环节实践情况	①能积极思考、动手完成任务等（10%）	
		②具有科学精神、责任担当等（5%）	
	（4）"今天我很棒"环节学习情况	能总结和表达，持健康乐观态度等（10%）	
2.学习成果成绩评价	（5）作业完成情况	能正确回答问题和完成课程作业（10%）	
	（6）学习成果或作品情况	能按要求提交学习成果或作品（20%）	
3.其他方面评价	（7）个人精神面貌情况	具有纪律意识和良好的个人素质（5%）	
	（8）个人创新精神情况	具有实践创新意识和思想（5%）	
		总分	

教师评语：

1.每项评价内容的成绩分为：优秀90～100分；良好80～89分；中等70～79分；及格60～69分；不及格60分以下。
2.每项评价内容的成绩计算方式为：单项评分×权值（5%～20%）。

中小学科普研学实践系列丛书

百万市民学科学——"江城科普读库"资助出版图书
中国地质大学（武汉）高等教育管理研究课题专项经费资助项目（2019F8A02）

巡航月球

刘福江 主编

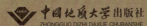

中国地质大学出版社
ZHONGGUO DIZHI DAXUE CHUBANSHE

图书在版编目（CIP）数据

巡航月球 / 刘福江主编.
— 武汉：中国地质大学出版社，2021.12
（中小学科普研学实践系列丛书；5）
ISBN 978-7-5625-4990-1

Ⅰ. ①巡⋯
Ⅱ. ①刘⋯
Ⅲ. ①航天-技术-青少年读物　②月球探索-青少年读物
Ⅳ. ①V52-49　②V1-49

中国版本图书馆CIP数据核字(2021)第230438号

巡航月球

刘福江　主编

| 责任编辑：舒立霞 | 责任校对：何澍语 |

出版发行：中国地质大学出版社（武汉市洪山区鲁磨路388号）　邮政编码：430074
电　话：(027)67883511　　传　真：(027)67883580　　E-mail：cbb@cug.edu.cn
经　销：全国新华书店　　http://cugp.cug.edu.cn

开本：880毫米×1230毫米　1/32	字数：156千字	印张：7.5
版次：2021年12月第1版		印次：2021年12月第1次印刷
设计制作：武汉浩艺设计制作工作室		
印刷：湖北睿智印务有限公司		
ISBN：978-7-5625-4990-1		定价：198.00元（全10册）

如有印装质量问题请与印刷厂联系调换

《巡航月球》编委会

主　　编：刘福江
副 主 编：王文起　李　卉　林伟华　郭　艳　戴小良
编委成员：刘福江　林伟华　王文起　李　黎　李　卉　郭　艳
　　　　　戴小良　殷永辉
编委顾问：李长安　王文起　刘先国　陈　晶

目　录

第一章　老师讲故事——认识航天科技

档案（一）　什么是航天？ ……………………………………… 01
档案（二）　什么是火箭？ ……………………………………… 03
档案（三）　什么是卫星？ ……………………………………… 06
档案（四）　嫦娥工程 …………………………………………… 07
档案（五）　月表形貌 …………………………………………… 09
档案（六）　月相 ………………………………………………… 11

第二章　我的课堂我做主——航天小手工

任务（一）　我的火箭小手工 …………………………………… 12
任务（二）　观察月相变化的规律 ……………………………… 13

第三章　户外瞧瞧去——我是小小天文学家

任务（一）　我会"读图识图"啦 ……………………………… 15
任务（二）　撞击坑是如何形成的？ …………………………… 16

第四章　今天我很棒——快乐分享你我他

任务（一）　分组比一比，看谁砸得多 ………………………… 17
任务（二）　派代表发言，谈谈自己的收获 …………………… 17
任务（三）　记录自己的收获 …………………………………… 18

第一章
认识航天科技

档案（一） 什么是航天？
▶▶ 小学《科学》（教科版）三年级下册 P₄₉

人类很早就有遨游太空、征服宇宙的理想。宇宙对人类一直充满着吸引力，具有神秘感。在科学技术不发达的远古时代，人们通过编传许多美丽的神话和传说来寄托他们的向往和追求，如嫦娥奔月、牛郎织女、夸父逐日等故事，都反映了人类对宇宙的向往和探索空间奥秘的强烈愿望（图1）。

▲ 太阳系

▲ 银河系

图1 太阳系和银河系

航天又称空间飞行、太空飞行、宇宙航行或航天飞行,它是指进入、探索、开发、利用地球大气层以外的宇宙空间(太空或外层空间)以及地球以外天体的各种活动。人类对太空的探索都离不开航天技术,航天技术包括运载器技术(如运载火箭)、航天器技术(如人造卫星和太空站等)、航天测控技术等(图2)。

▲ 火箭 ▲ 卫星 ▲ 太空站

图2 部分航天技术装备

Q1

你知道"万户飞天"的典故吗?

_____

_____

_____

第一章　老师讲故事——认识航天科技

档案（二）　什么是火箭？
▶▶ 小学《科学》（鄂教版）六年级下册 P_{56}—P_{58}

火箭是以热气流高速向后喷出，利用产生的反作用力向前运动的喷气推进装置。火箭是目前唯一能使航天器达到第一宇宙速度（7.9千米/秒），克服或摆脱地球引力进入宇宙空间的运载工具。火箭自身携带的燃料可以不需要空气中的氧气自行工作，这样既可在大气中又可在外层空间中飞行（图3）。

图3　火箭

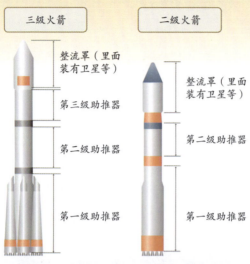

为了达到宇宙飞行所必需的宇宙速度，火箭一般设计成多级"接力"形式，即火箭的第一子级在发射点火后就开始工作，工作结束后与整个火箭分离，再由第二子级继续工作，以此类推，直至把卫星或飞船送入预定轨道（图4）。多级火箭有串联、并联和串–并联3种联结方式（图5）。目前火箭发射有3种方式：一是地面发射，二是空中发射，三是海上发射。

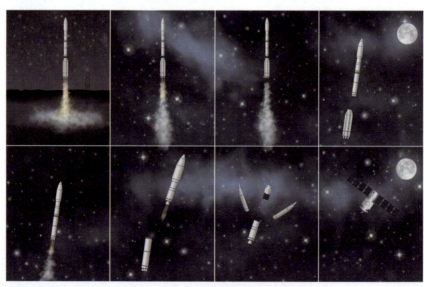

图4　多级火箭形式及其发射过程

第一章 老师讲故事——认识航天科技

▲ 串联式

▲ 并联式

▲ 串-并联式

图5 火箭"接力"形式

Q2 请判断下面火箭是哪种"接力"形式（图6）？（在正确的方式后画"√"）

A. 串联（　）　并联（　）　串-并联式（　）
B. 串联（　）　并联（　）　串-并联式（　）
C. 串联（　）　并联（　）　串-并联式（　）

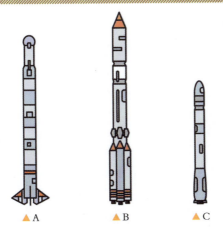
▲ A　　▲ B　　▲ C

图6 选择火箭"接力"形式

档案（三） 什么是卫星？
▶▶ 小学《科学》（鄂教版）六年级下册 P₅₂—P₅₄

卫星分为天然卫星和人造卫星（图7）。天然卫星是指在围绕一颗行星（如地球）轨道并按闭合轨道做周期性运行的天然天体，如月球是地球的卫星。人造卫星是由人类建造，用火箭、航天飞机等发射到太空中，像天然卫星一样环绕地球或其他星球飞行的装置。人造地球卫星按用途可分为侦察卫星、气象卫星、地球资源卫星、海洋卫星、通信卫星、导航卫星等。

▲ 天然卫星

▲ 人造卫星

图7 天然卫星和人造卫星

请问我国北斗卫星导航系统的卫星主要是属于下面哪一种类型？（　　）

A. 侦查卫星　　B. 气象卫星　　C. 地球资源卫星
D. 海洋卫星　　E. 通信卫星　　F. 导航卫星

第一章 老师讲故事——认识航天科技

档案（四） 嫦娥工程

发射人造地球卫星、载人航天和深空探测是人类航天活动的三大领域。重返月球，开发月球资源，建立月球基地已成为世界航天活动的必然趋势和竞争热点。我国开展月球探测工作是迈出航天深空探测第一步的重大举措，也为人类和平使用月球作出了新的贡献。

我国于2004年正式开展嫦娥探月工程，分为"绕""落""回"三步走战略。目前，已完成嫦娥一号到嫦娥五号发射任务，其中，2020年12月1日，嫦娥五号成功着陆月球表面，12月17日完成了月球采样任务的嫦娥五号返回器携带月球样品在内蒙古四子王旗预定区域安全着陆（表1，图8）。

表1 截至目前嫦娥工程实施情况

类型	发射时间	发射地点	主要任务
嫦娥一号	2007年10月24日	西昌卫星发射中心	绕月飞行并对其进行探测
嫦娥二号	2010年10月1日	西昌卫星发射中心	绕月飞行，测试嫦娥一号改进型技术
嫦娥三号	2013年12月2日	西昌卫星发射中心	月球表面软着陆，月球车在月球表面巡游
嫦娥四号	2018年12月8日	西昌卫星发射中心	月球背面软着陆
嫦娥五号	2020年11月24日	文昌航天发射场	月球土壤采样返回

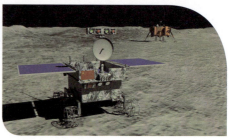

图8 登月与月球车

Q4

我国嫦娥五号于_____年11月24日在_____发射场发射成功,并于12月17日完成了月球采样任务返回地球。

档案（五） 月表形貌
▶▶ 小学《科学》（教科版）六年级上册 P_{46}—P_{47}

月球是地球唯一的天然卫星，月球与地球的平均距离约为38.44万千米，大约是地球直径的30倍。月球直径大约是地球直径的1/4。月球上没有水，没有大气。一个物体在月球上的重力为地球上的1/6。月球昼夜温差大，白天在阳光垂直照射的地方温度高达127℃，夜晚其表面温度可降低到-183℃。

月球表面有阴暗的部分和明亮的区域，亮区是高地，暗区是平原或盆地等低陷地带，分别被称为月陆和月海。月球表面给我们的最深印象就是布满全球的大大小小的撞击坑，这些都是小行星或彗星撞击月球表面时留下的陨石坑（图9）。月球表面最大的陨石坑是位于月球南极附近的贝利环形山，直径达295千米。

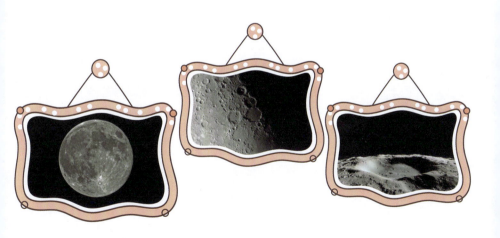

图9 月球表面及其撞击坑

Q5

为什么地球表面不像月球那样可以看到很多陨石坑呢?

档案（六） 月相

▶▶ 小学《科学》（教科版）六年级上册 P_{48}—P_{50}

月球作为地球的卫星，围绕地球运动，在一个月份中其位置和形状有规律地变化，被太阳照亮并能在地球上看到的形状称为月相。月相不是由于地球遮住太阳所造成的（月食），而是由于我们只能看到月球上被太阳照到发光的那一部分所造成的。

无论月相如何变化，它的上下两个顶点的连线都一定是这个圆形的直径（月食的时候除外）。当我们看到的月相外边缘是接近反 C 字母形状时，那么这时的月相则是农历十五以前的月相；相反，当我们看到的月相外边缘是接近 C 字母形状时，那么这时的月相则是农历十五以后的月相（图10）。

图10 月相

月相变化歌

初一新月不可见，只缘身陷日地中，
初七初八上弦月，半轮圆月面朝西。
满月出在十五六，地球一肩挑日月，
二十二三下弦月，月面朝东下半夜。

你认为每天晚上的月相都相同吗？

第二章
航天小手工

任务（一） 我的火箭小手工

同学们自己在纸上设计一个火箭图案，然后将纸卷起，做成一个"火箭头"形状，并用胶水或胶带粘贴好，下方插入一根吸管，吹一吹，比一比，看看谁的火箭发射得远！

任务（二） 观察月相变化的规律

在老师的指导下，请查阅今天是阴历/农历月份的第几天。根据月相变化的规律，动手画一画连续 15 天月相是怎样变化的（表2）？

表2　月相变化情况表

日期：_____ 年 ___ 月 ___ 日　　　　　农历：___ 月 ___

天数编号	月相形态	月相名称	变化趋势
			☐ 变圆 ☐ 变缺
			☐ 变圆 ☐ 变缺
			☐ 变圆 ☐ 变缺
			☐ 变圆 ☐ 变缺
			☐ 变圆 ☐ 变缺
			☐ 变圆 ☐ 变缺
			☐ 变圆 ☐ 变缺

续表

天数编号	月相形态	月相名称	变化趋势
			☐ 变圆 ☐ 变缺
			☐ 变圆 ☐ 变缺
			☐ 变圆 ☐ 变缺
			☐ 变圆 ☐ 变缺
			☐ 变圆 ☐ 变缺
			☐ 变圆 ☐ 变缺
			☐ 变圆 ☐ 变缺
			☐ 变圆 ☐ 变缺

注：月相名称包括新月、蛾眉月、上弦月、凸月、满月、下弦月、残月等。

第三章
我是小小天文学家

任务（一） 我会"读图识图"啦

在老师指导下，找一张目的地纸质地图或将目的地电子地图打印在纸上，用罗盘或指南针找到北方向，然后通过寻找里面的标志物来判断自己所在区域大致位置。请写出你判断的依据是什么？

地图粘贴处

任务（二） 撞击坑是如何形成的?

将沙子装入盒中，准备好弹弓和不同尺寸的"子弹"，以不同的距离和速度来发射弹珠，记录一下每次落地的位置和形态，并大致测量一下沙子的溅射范围，填入下表中（表3）。

表3 撞击试验记录表

编号	发射距离	发射速度	落地位置	溅射范围

注：发射速度可根据弹弓出手的速度调整为"快、中、慢"；溅射范围粗略为坑体直径大小。

第四章
快乐分享你我他

任务（一） 分组比一比，看谁砸得多

统计各小组记录的撞击坑数量，比一比哪组砸出的不同尺寸的撞击坑最多或最有特色。

任务（二） 派代表发言，谈谈自己的收获

在老师带领下，请各小组代表说一说今天的收获。

任务（三） 记录自己的收获

我的研学笔记

日期：_____年___月___日　　　　　天气：_____

请记录今天学到的知识，观察到的有趣现象或过程，以及最大的收获。

研学思政：

月球在围绕地球公转的一个月中，我们在地球上观察到月球从新月、蛾眉月、弦月、满月周而复始地反复变化。北宋文学家苏轼在《水调歌头·明月几时有》中写到，"人有悲欢离合，月有阴晴圆缺，此事古难全"。正如我们在人生的道路上有成功也有失败，有鲜花也有风雪，什么事情都不可能一帆风顺，我们要做到成功而不矜夸，失败之时不气馁，在荣誉面前不骄傲，困难之际不落志，永远充满乐观的情绪。

教学评价情况信息表

一、学生对课程实施情况的评价

学生姓名：_____ 学校：_____ 日期：_____

项目	类别	评价结果
1. 对课程教学的评价	（1）"老师讲故事"环节课程教学效果如何？	A. B. C. D.
	（2）"我的课堂我做主"环节课程教学效果如何？	A. B. C. D.
	（3）"户外瞧瞧去"环节课程教学效果如何？	A. B. C. D.
	（4）"今天我很棒"环节课程教学效果如何？	A. B. C. D.
2. 对基地/营地的评价	（5）基地/营地的安全保障情况如何？	A. B. C. D.
	（6）基地/营地的环境和硬件配套条件情况如何？	A. B. C. D.
	（7）基地/营地的服务情况如何？	A. B. C. D.
3. 对授课教师的评价	（8）教师的知识能力水平情况如何？	A. B. C. D.
	（9）教师的授课方式方法情况如何？	A. B. C. D.
	（10）教师的职业精神和师风师德情况如何？	A. B. C. D.

其他建议或意见：

评价说明：请在"评价结果"栏的ABCD选项中打"√"。A.很好：90～100分；B.较好：80～89分；C.一般：70～79分；D.较差：60～69分。

二、教师对学生学习情况的评价

学生姓名：_____　　学校：_____　　日期：_____

项目	类别	评价内容	评分
1.学习过程成绩评价	（1）"老师讲故事"环节学习情况	能认真听讲、思考和回答问题等（20%）	
	（2）"我的课堂我做主"环节实验情况	①能积极思考、动手完成任务等（10%）	
		②具有科学精神、责任担当等（5%）	
	（3）"户外瞧瞧去"环节实践情况	①能积极思考、动手完成任务等（10%）	
		②具有科学精神、责任担当等（5%）	
	（4）"今天我很棒"环节学习情况	能总结和表达，持健康乐观态度等（10%）	
2.学习成果成绩评价	（5）作业完成情况	能正确回答问题和完成课程作业（10%）	
	（6）学习成果或作品情况	能按要求提交学习成果或作品（20%）	
3.其他方面评价	（7）个人精神面貌情况	具有纪律意识和良好的个人素质（5%）	
	（8）个人创新精神情况	具有实践创新意识和思想（5%）	
		总分	

教师评语：

1.每项评价内容的成绩分为：优秀90～100分；良好80～89分；中等70～79分；及格60～69分；不及格60分以下。
2.每项评价内容的成绩计算方式为：单项评分×权值（5%～20%）。

中小学科普研学实践系列丛书

百万市民学科学——"江城科普读库"资助出版图书
中国地质大学（武汉）高等教育管理研究课题专项经费资助项目（2019F8A02）

〔地灾〕

愤怒的火山

刘福江　主编

图书在版编目（CIP）数据

愤怒的火山 / 刘福江主编.
— 武汉：中国地质大学出版社，2021.12
（中小学科普研学实践系列丛书；6）
ISBN 978-7-5625-4990-1

Ⅰ．①愤⋯
Ⅱ．①刘⋯
Ⅲ．①火山-青少年读物
Ⅳ．①P317-49

中国版本图书馆CIP数据核字(2021)第230444号

愤怒的火山 　　　　　　　　　　　　　　刘福江　主编

责任编辑：舒立霞 　　　　　　　　**责任校对：何澍语**

出版发行：中国地质大学出版社（武汉市洪山区鲁磨路388号）　邮政编码：430074
电　话：(027)67883511　　传　真：(027)67883580　　E-mail：cbb@cug.edu.cn
经　销：全国新华书店　　http://cugp.cug.edu.cn

开本：880毫米×1230毫米　1/32　　　　字数：156千字　　　印张：7.5
版次：2021年12月第1版　　　　　　　　　　　　　　　印次：2021年12月第1次印刷
设计制作：武汉浩艺设计制作工作室
印刷：湖北睿智印务有限公司

ISBN：978-7-5625-4990-1　　　　　　　　　定价：198.00元（全10册）

如有印装质量问题请与印刷厂联系调换

《愤怒的火山》编委会

主　　编：刘福江

副 主 编：林伟华　王文起　李　卉　郭　艳　殷永辉

编委成员：刘福江　林伟华　王文起　李　黎　李　卉　郭　艳
　　　　　戴小良　殷永辉

编委顾问：李长安　王文起　刘先国　陈　晶

目　录

第一章　老师讲故事——认识自然灾害

档案（一）自然灾害与生活 …………………………………… 01
档案（二）自然灾害的基本类型 ……………………………… 03
档案（三）火山喷发和火山 …………………………………… 07
档案（四）火山灾害和资源 …………………………………… 11

第二章　我的课堂我做主——火山是如何喷发的？

任务（一）我来模拟火山喷发 ………………………………… 13
任务（二）我来模拟海底火山喷发 …………………………… 14

第三章　户外瞧瞧去——我是小小地质学家

任务（一）我会"读图识图"啦 ……………………………… 15
任务（二）在目的地寻找自然灾害遗迹 ……………………… 16

第四章　今天我很棒——快乐分享你我他

任务（一）分组比一比，看谁找得多 ………………………… 17
任务（二）派代表发言，谈谈自己的收获 …………………… 17
任务（三）记录自己的收获 …………………………………… 18

第一章
认识自然灾害

老师讲故事

档案（一） 自然灾害与生活
▶▶ 小学《科学》（粤教版）三年级下册 P$_{57}$—P$_{59}$

自然灾害是给人类生存带来危害或给人类生活环境带来损害的自然现象，如干旱、洪涝、高温、低温、台风（飓风）、雷电、地震、海啸、滑坡、泥石流、火山喷发等（图1）。

1998年夏季发生在我国的包括长江、嫩江、松花江等江河流域地区的大洪水，造成1.86亿人受灾，死亡4150人，倒塌房屋685万间，直接经济损失达2550亿元。

2008年5月12日发生在我国四川省的"汶川大地震"，震级达里氏8.0级，造成8万多人死亡或失踪，37万多人不同程度受伤，1993万多人失去住所。为提醒人们更加重视防灾减灾，经中华人民共和国国务院批准，自2009年起，每年5月12日为全国"防灾减灾日"。

2011年3月11日在日本东北部海域发生里氏9.0级地震并引发高达23米的海啸，造成2万多人死亡或失踪，45万人无家可归。

▲ 洪涝灾害

愤/怒/的/火/山

地震灾害 ▶

▶ 飓风灾害

火山灾害 ▶

图1 部分常见的自然灾害

你知道最近国内外发生过哪些自然灾害吗?

档案（二） 自然灾害的基本类型

自然灾害的类型非常复杂，按灾害损失的程度可分为轻度灾害、中度灾害、重大灾害；按发生时间长短可分为突发性灾害及缓发性灾害等。根据自然灾害的特点可分为五大类：气象水文灾害、海洋灾害、地质地震灾害、天文灾害和生物灾害（表1）。

表1 自然灾害的主要类型

序号	类型	主要灾害
1	气象水文灾害	干旱、洪涝、高温、低温、雷电、台风、霜冻、暴风雪、寒潮、雹等
2	海洋灾害	海啸、海浪、海冰、赤潮、风暴潮等
3	地质地震灾害	地震、火山、泥石流、滑坡、崩塌、塌陷、地面沉降、沙漠化、盐碱化、水土流失、冻融等
4	天文灾害	陨石撞击、太阳风或磁暴等突然骚扰
5	生物灾害	病害、虫害、草害、鼠害等

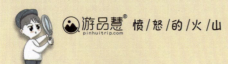 愤/怒/的/火/山

你能辨认出来下列自然灾害（图2）是哪种类型吗？

A. 气象水文灾害　　B. 海洋灾害　　C. 地质地震灾害
D. 天文灾害　　E. 生物灾害

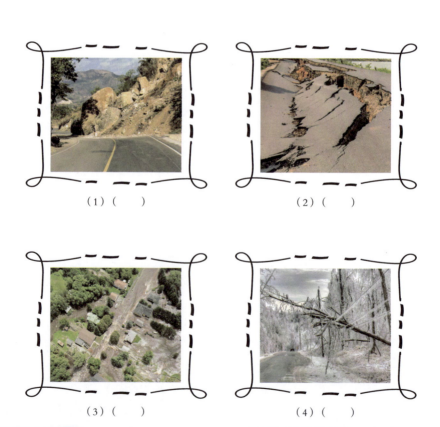

（1）（　　）　　　　　　　　（2）（　　）

（3）（　　）　　　　　　　　（4）（　　）

第一章 老师讲故事——认识自然灾害

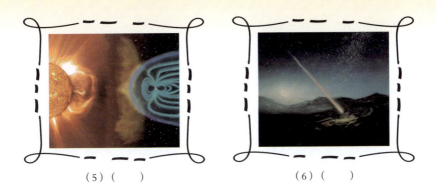

（5）（　　）　　　　　　（6）（　　）

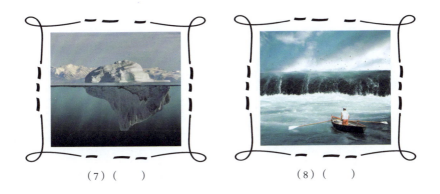

（7）（　　）　　　　　　（8）（　　）

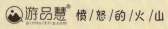

（9）（　　）　　　　　　（10）（　　）

图2　辨认自然灾害类型

你所在的省（区、市）曾经发生过哪些自然灾害？

档案（三） 火山喷发和火山
▶▶ 小学《科学》（教科版）五年级上册 P29—P31

火山喷发一般是指地球内部的岩浆等熔融物质在压力作用下，在短时间内从火山口向地表释放的一种地壳运动"景象"（图3、图4）。

图3 火山喷发示意图

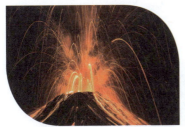

▲ 危地马拉的富埃戈火山

▲ 法国的福尔奈斯火山

▲ 厄瓜多尔的通古拉瓦火山

▲ 美国的夏威夷基拉韦厄火山

▲ 冰岛的埃亚菲亚德拉火山

▲ 尼加拉瓜的马萨亚火山

▲ 墨西哥的科利马火山

▲ 印度尼西亚的东爪哇火山

图4 常见的火山喷发

　　火山是一种常见的自然地貌形态,是地球发生火山喷发后,地下喷出的岩浆、火山灰以及碎石落下堆积成的山体。火山通常由火山锥、火山口和火山喉管等组成。火山类型根据其活动情况分为活火山、死火山和休眠火山(表2)。

表2　火山的类型和特点

类型	特点	火山示例
活火山	尚在活动或周期性发生喷发活动的火山	欧洲意大利的维苏威火山,曾于公元79年发生了火山爆发,最近在1944年3月又发生了一次火山喷发

续表

类型	特点	火山示例
死火山	史前曾喷发过,但有史以来一直未活动过的火山	1. 非洲坦桑尼亚的乞力马扎罗火山在15万~20万年前发生喷发后至今未活动; 2. 我国山西大同火山于约300万年前发生喷发形成后至今未活动
休眠火山	有史以来曾经喷发过,但长期以来处于相对静止状态,不能断定其已丧失火山活动能力的火山	1. 我国吉林长白山火山分别在1597年、1688年和1702年喷发过3次,至今休眠了300多年; 2. 我国黑龙江五大连池火山最近在1721年喷发过一次,至今休眠了300年; 3. 我国云南腾冲火山(图5)最近在1609年喷发过一次,至今休眠了400多年

▲ 维苏威火山

▲ 乞力马扎罗火山

▲ 山西大同火山

愤/怒/的/火/山

▲ 黑龙江五大连池火山

▲ 云南腾冲火山

▲ 吉林长白山（山顶火山口）

图5 世界和我国部分典型火山

Q4 火山根据其活跃程度可分为_____、_____和_____。

Q5 死火山的特点是_____。

10

第一章 老师讲故事——认识自然灾害

档案（四） 火山灾害和资源

火山灾害一般是指由于火山喷发产生的炙热的碎屑流、涌浪、气爆和尘粒等直接造成人员伤亡和财产损失，也包括因此造成的气候变化、地面变形等间接灾害。

公元79年意大利南部的维苏威火山喷发，庞贝和赫库兰尼姆等城被火山灰和火山砾埋没（图6）。

1980年美国圣海伦斯火山爆发，炽热的火山碎屑和熔岩使山地冰雪大量融化，形成了汹涌的泥石流，从山顶倾泻而下，并引起洪水泛滥，造成24人死亡，46人失踪（图7）。

图6 意大利维苏威火山和庞贝古城遗迹

图7 美国圣海伦斯火山及其喷发景象

火山喷发物形成的土壤十分肥沃，非常适合农作物生长，同时还能提供丰富的矿产资源和宝贵的热能，甚至能为一些国家增加领土，也能提供旅游资源（图8）。

▲ 火山附近植被

▲ 火山温泉

图8　部分火山带来的益处

Q6

庞贝末日讲述的是哪种地质灾害？

_____

Q7

为什么有大量人口在火山地区或附近居住生活？

_____

_____

第二章
火山是如何喷发的？

任务（一） 我来模拟火山喷发

在老师的指导下，准备好软陶泥、小苏打粉、白醋、红色颜料、泡泡水等材料和工具（图9），并按照如下方法模拟火山喷发：

首先，根据自己的想象，用软陶泥做好火山模型。然后，在容器中将小苏打粉和颜料、泡泡水混合均匀后，倒入火山模型的火山口中。最后，缓慢向火山模型的火山口中加入白醋，仔细观察模拟火山喷发的效果。

▲ 小苏打粉　　▲ 泡泡水　　▲ 白醋

▲ 红色颜料　　▲ 软陶泥

图9 部分模拟火山喷发的材料

注：碱性的小苏打粉和醋酸会发生剧烈的化学反应，并产生大量的二氧化碳气体，二氧化碳气体遇到泡泡水后会产生更多的泡泡。

愤/怒/的/火/山

任务（二） 我来模拟海底火山喷发

在老师的指导下，准备好色素、泡腾片、甘油、小瓶子等材料和工具（图10），并按照如下方法模拟海底火山喷发。

首先，往小瓶子中加入适量的水和你喜欢的颜色色素，轻轻搅拌让其混合均匀。然后，在小瓶子中加入甘油，静置片刻后让水和甘油分层（甘油会浮在水的上面）。最后，往小瓶子中加入泡腾片，仔细观察模拟的海底火山喷发现象。

▲ 泡腾片

▲ 甘油

▲ 色素

图10 部分模拟海底火山喷发的材料

第三章
我是小小地质学家

任务（一） 我会"读图识图"啦

在老师的指导下，找一张目的地纸质地图或将目的地电子地图打印在纸上，用罗盘或指南针找到北方向，然后通过寻找里面的标志物来判断自己所在区域大致位置。请写出你判断的依据是什么？

地图粘贴处

游品慧 愤/怒/的/火/山

任务（二） 在目的地寻找自然灾害遗迹

在老师的带领下，分组在目的地观察自然灾害遗迹以及潜在的自然灾害现象，并描述其发生的特征，画出轮廓、外貌形状等（表3）。

表3 自然灾害观测记录表

观察点位置1	
描述	
素描图	
观察点位置2	
描述	
素描图	

第四章
快乐分享你我他

任务(一) 分组比一比,看谁找得多

在老师带领下,汇总各小组在目的地观察到的自然灾害特点,并请各小组代表说一说,比一比哪一组观察到的自然灾害特点最全面。

任务(二) 派代表发言,谈谈自己的收获

在老师带领下,请各小组代表说一说今天的收获。

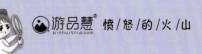

任务（三） 记录自己的收获

我的研学笔记

日期：_____年___月___日　　　　　　天气：_____

请记录今天学到的知识，观察到的有趣现象或过程，以及最大的收获。

研学思政：

人与自然的关系问题始终伴随着人类的发展史，古人希望能"采菊东篱下，悠然见南山"（东晋陶渊明的《饮酒·其五》），可以"留得残荷听雨声"（唐李商隐的《宿骆氏亭寄怀崔雍崔衮》），人类在与自然抗争中逐渐明白"大自然是善良的慈母，同时也是冷酷的屠夫"（法国雨果）。正如习近平总书记指出，"自然是生命之母，人与自然是生命共同体，人类必须敬畏自然、尊重自然、顺应自然、保护自然"，人与自然和谐共生直接关系人类自身的命运。请你结合自然灾害的特点与形成原因，思考如何从自身做起，做到人与自然和谐相处。

教学评价情况信息表

一、学生对课程实施情况的评价

学生姓名：_____　　学校：_____　　日期：_____

项目	类别	评价结果
1. 对课程教学的评价	（1）"老师讲故事"环节课程教学效果如何？	A. B. C. D.
	（2）"我的课堂我做主"环节课程教学效果如何？	A. B. C. D.
	（3）"户外瞧瞧去"环节课程教学效果如何？	A. B. C. D.
	（4）"今天我很棒"环节课程教学效果如何？	A. B. C. D.
2. 对基地/营地的评价	（5）基地/营地的安全保障情况如何？	A. B. C. D.
	（6）基地/营地的环境和硬件配套条件情况如何？	A. B. C. D.
	（7）基地/营地的服务情况如何？	A. B. C. D.
3. 对授课教师的评价	（8）教师的知识能力水平情况如何？	A. B. C. D.
	（9）教师的授课方式方法情况如何？	A. B. C. D.
	（10）教师的职业精神和师风师德情况如何？	A. B. C. D.

其他建议或意见：

评价说明：请在"评价结果"栏的 ABCD 选项中打"√"。A. 很好：90～100分；B. 较好：80～89分；C. 一般：70～79分；D. 较差：60～69分。

二、教师对学生学习情况的评价

学生姓名：_____   学校：_____   日期：_____

项目	类别	评价内容	评分
1.学习过程成绩评价	（1）"老师讲故事"环节学习情况	能认真听讲、思考和回答问题等（20%）	
	（2）"我的课堂我做主"环节实验情况	①能积极思考、动手完成任务等（10%）	
		②具有科学精神、责任担当等（5%）	
	（3）"户外瞧瞧去"环节实践情况	①能积极思考、动手完成任务等（10%）	
		②具有科学精神、责任担当等（5%）	
	（4）"今天我很棒"环节学习情况	能总结和表达，持健康乐观态度等（10%）	
2.学习成果成绩评价	（5）作业完成情况	能正确回答问题和完成课程作业（10%）	
	（6）学习成果或作品情况	能按要求提交学习成果或作品（20%）	
3.其他方面评价	（7）个人精神面貌情况	具有纪律意识和良好的个人素质（5%）	
	（8）个人创新精神情况	具有实践创新意识和思想（5%）	
		总分	

教师评语：

1.每项评价内容的成绩分为：优秀90～100分；良好80～89分；中等70～79分；及格60～69分；不及格60分以下。
2.每项评价内容的成绩计算方式为：单项评分×权值（5%～20%）。

中小学科普研学实践系列丛书

百万市民学科学——"江城科普读库"资助出版图书
中国地质大学（武汉）高等教育管理研究课题专项经费资助项目（2019F8A02）

〔地貌〕

地表大变脸

刘福江　主编

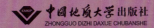

中国地质大学出版社
ZHONGGUO DIZHI DAXUE CHUBANSHE

图书在版编目（CIP）数据

地表大变脸 / 刘福江主编.
— 武汉：中国地质大学出版社，2021.12
（中小学科普研学实践系列丛书；7）
ISBN 978-7-5625-4990-1

Ⅰ．①地…
Ⅱ．①刘…
Ⅲ．①地貌-青少年读物
Ⅳ．①P31-49

中国版本图书馆CIP数据核字(2021)第230445号

地表大变脸

刘福江　主编

| 责任编辑：舒立霞 | 责任校对：何澍语 |

出版发行：中国地质大学出版社（武汉市洪山区鲁磨路388号）　邮政编码：430074
电　话：(027)67883511　　传　真：(027)67883580　　E-mail：cbb@cug.edu.cn
经　销：全国新华书店　　http://cugp.cug.edu.cn

开本：880毫米×1230毫米　1/32	字数：156千字	印张：7.5
版次：2021年12月第1版		印次：2021年12月第1次印刷
设计制作：武汉浩艺设计制作工作室		
印刷：湖北睿智印务有限公司		

ISBN：978-7-5625-4990-1　　　　　　　　　定价：198.00元（全10册）

如有印装质量问题请与印刷厂联系调换

《地表大变脸》编委会

主　　编：刘福江
副 主 编：殷永辉　林伟华　郭　艳　王文起　李　卉
编委成员：刘福江　林伟华　王文起　李　黎　李　卉　郭　艳
　　　　　戴小良　殷永辉
编委顾问：李长安　王文起　刘先国　陈　晶

目 录

第一章　老师讲故事——认识地形地貌

档案（一）　地形地貌与生活 …………………………… 01
档案（二）　河流地貌 …………………………………… 05
档案（三）　岩溶地貌 …………………………………… 08
档案（四）　红层地貌 …………………………………… 11

第二章　我的课堂我做主——地形地貌是如何形成的？

任务（一）　制作祖国的山川地貌 ……………………… 13
任务（二）　我把祖国的山川带回家 …………………… 14

第三章　户外瞧瞧去——我是小小地理学家

任务（一）　我会"读图识图"啦 ……………………… 15
任务（二）　观察目的地的山川地形地貌特征 ………… 16

第四章　今天我很棒——快乐分享你我他

任务（一）　分析讨论——分享目的地的地形地貌特征 … 17
任务（二）　感想——谈谈自己的收获 ………………… 17
任务（三）　记录自己的收获 …………………………… 18

第一章
认识地形地貌

档案（一）　地形地貌与生活
▶▶ 小学《科学》（教科版）五年级上册 P$_{20}$—P$_{23}$

我国地势西高东低，大致呈三级阶梯状逐级下降分布。第一级阶梯主要是在我国西南部的青藏高原，平均海拔在4000米以上，号称"世界屋脊"；第二级阶梯主要是在青藏高原边缘的以东和以北，是一系列宽广的高原和巨大的盆地，海拔下降到1000～2000米；第三级阶梯是在我国东部，主要是丘陵和平原分布区，大部分地区海拔在500米以下（图1）。

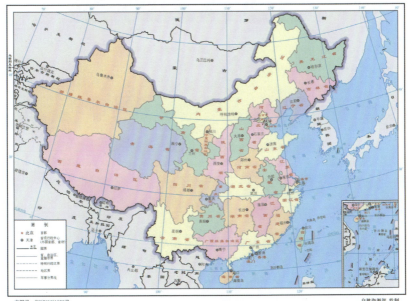

图1　中国地图

我国幅员辽阔,地大物博,有浩瀚的大海、广阔的平原、连绵的群山、曲折的河流等,地形地貌类型众多。常见有冰川地貌、风蚀地貌、河流地貌、黄土地貌、岩溶地貌、丹霞地貌、海岸地貌、风积地貌等(图2)。

▲ 冰川地貌

▲ 风蚀地貌

▲ 河流地貌

▲ 黄土地貌

▲ 岩溶地貌

▲ 丹霞地貌

▲ 海岸地貌

▲ 风积地貌

图2 形态各样的地貌

第一章 老师讲故事——认识地形地貌

图3 中国地图和胡焕庸线

在我国辽阔的土地上,存在着一条看不见的东西差异分界线——"胡焕庸线"(黑龙江省黑河—云南省腾冲一线),它不仅是一条我国人口疏密程度的分界线,也是我国自然生态环境的分界线(图3)。不同的地形地貌和气候,造就了不同的生产方式,也限定了各自能承载的人口数量,同时形成了许多具有浓厚地域特色的风俗习惯和文化(图4)。

图4 不同地域的民居特色

03

地/表/大/变/脸

你能正确辨认出下列常见的地形地貌吗（图5）？

A. 平原地形　　B. 河流地貌　　C. 海岸地貌
D. 山地地形　　E. 岩溶地貌　　F. 风蚀地貌

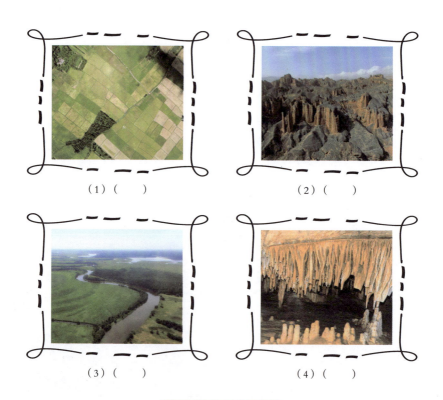

（1）（　）　　　　　　（2）（　）

（3）（　）　　　　　　（4）（　）

图5　常见的地形地貌

第一章 老师讲故事——认识地形地貌

档案（二） 河流地貌
▶▶ 小学《科学》（教科版）五年级上册 P$_{34}$—P$_{36}$

河流地貌形态

　　河流常常可以根据其地理地质特征分为河源、上游、中游、下游和河口等5段（图6）。河源一般位于全流域海拔最高、最初具有地表水流形态的地方。河流上游一般处于高原地区，河流深切山地形成许多深谷，流速急、落差大，多急流瀑布。河流中游一般流经低山、丘陵地区，河流流速明显下降，河面较上游宽，河流流经地区形成较为宽阔的谷地平原。河流下游流速缓慢，河面展宽，河道更曲折。河口是河流入海、入湖或汇入更高级河流处，经常有泥沙堆积，在河口一般河流会分叉和形成三角洲（图7）。

图6 完整河流形态

▲河源　　　　　▲上游　　　　　▲上游

05

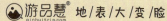

▲ 中游　　▲ 下游　　▲ 河口

图 7　河流形态特征

河流的侵蚀

　　河流的侵蚀主要是河水对河床的向下侵蚀和对两岸的侧向侵蚀。河流向下侵蚀是河水对河床进行破坏，使得河谷加深加长；河流侧向侵蚀是河水对河岸两侧进行破坏，使河流变宽和弯曲（图 8）。

　　河流由于受到地形、地球自转、两岸岩层质地差异、靠近两岸河水流速差异等多方面因素影响，造成对一侧河岸物质剥离形成凹岸，在另一侧河岸堆积物质形成凸岸，经过长年累月的侧向侵蚀后，使得河流越来越弯曲。

第一章 老师讲故事——认识地形地貌

图8 河流侧向侵蚀图

说一说河流为什么一般都是S形的？

档案（三） 岩溶地貌

▶▶ 小学《语文》（部编版）四年级下册 P$_{66}$《记金华的双龙洞》

岩溶地貌形态

　　岩溶地貌形成在石灰岩地区，石灰岩容易被水溶蚀，由于岩层中各部分石灰质成分含量不同，导致岩层被水侵蚀的程度不同，最后被逐渐溶解分割成互不相依、千姿百态、陡峭秀丽的山峰和奇特壮观的溶洞（图9）。

　　常见的岩溶地貌包括石林、峰林、天坑、溶洞、地下河等（图10）。

图9 岩溶地貌形态

▲溶洞

▲天坑

第一章 老师讲故事——认识地形地貌

▲ 峰林

▲ 石林

图10 岩溶地貌特征

溶洞

溶洞是地表水沿石灰岩裂缝向下渗流和溶蚀形成落水洞后，从落水洞下落的地下水到含水层后发生横向流动，经过长期溶蚀后形成的。溶洞景观在我国湖南、四川、贵州、云南、广西等省（区）分布广泛。

溶洞里面有许多奇特的景观，如：石钟乳、石笋、石柱、石幔等。溶洞的规模大小各异，大到可容纳千人以上，小至难容纳一个人（图11）。

▼ 石钟乳　　　　　　石笋 ▼

石幔 ▶　　　　　　◀ 石柱

图11 溶洞景观

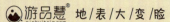

石林

　　石林是石灰岩经地表水沿其裂隙溶蚀后形成的剑状、柱状等形状的地貌景观（图12）。

　　我国著名的石林风景区位于云南省昆明市。大约距今2.7亿年以前，云贵高原曾是海洋，石林区域经过上亿年沉积后变成岩石。后来该区域海底抬升，部分藏在海里的岩体露出水面，经过海水的拍打侵蚀形成裂痕。随着地壳再次抬升，岩石完全露出海面，经过雨水冲刷从而形成溶蚀沟，导致整块岩体分离，进而形成石芽、石柱、石门、石峰等鬼斧神工的奇观。

图12　石林景观

你知道我国有哪些著名的岩溶地貌区域吗？

档案（四） 红层地貌

红层地貌是由陆地地区偏红色的碎屑物沉积形成的一种红色砂砾岩地貌。如甘肃的张掖有我国著名的红层地貌景观（图13）。

丹霞地貌是以陡崖坡为特征的红层地貌，往往呈现城堡状、宝塔状、柱状、棒状等形状，在丹崖上常见有岩槽、岩沟和岩洞。丹霞地貌是由水平或近似水平的红色岩石在受到重力、风化、水蚀、风蚀等作用下形成的。如广东韶关有我国著名的丹霞地貌景观（图14、图15）。

图13　甘肃张掖的红层地貌

图14　广东韶关的丹霞地貌

注：“丹霞"一词源自三国时期曹丕的《芙蓉池作诗》，"丹霞夹明月，华星出云间"，指天上的彩霞。

地/表/大/变/脸

图15 红层地貌部分红色砾岩和砂岩

Q4 丹霞地貌的特点是＿＿＿＿＿＿＿＿＿＿＿＿＿＿＿＿＿＿＿＿＿＿。

第二章
地形地貌是如何形成的？

任务（一） 制作祖国的山川地貌

在老师指导下，准备好不同颜色的软陶泥（图16），把不同颜色的软陶泥揉捏成不同大小、形状和颜色的山峰、河流、湖泊、树木、房屋等，然后把这些不同小软陶泥物件按照我的家乡或著名山川河流的地形地貌的样子拼接起来，等软陶泥模型干燥后，"我的家乡或著名的山川河流"就做成了。

▲ 软陶泥

图16 制作"山川河流"的材料

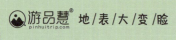

任务（二） 我把祖国的山川带回家

在老师的指导下，将任务（一）做好的软陶泥山川模型放入模具中；然后准备好水晶滴胶——AB胶（图17），把A胶和B胶配好混合均匀，再把经混合的胶水倒入模具中，待模具中胶水固化后，用砂纸进行打磨，一个精美的山川地貌摆件就制作成了。

图17 水晶滴胶

第三章
我是小小地理学家

任务（一） 我会"读图识图"啦

根据目的地地图以及罗盘或者指南针等工具，寻找到自己所在区域或当地著名山川大致位置，并说说你寻找的依据。

地图粘贴处

任务（二） 观察目的地的山川地形地貌特征

在老师的带领下，参观当地的名山、河流、湖泊或溶洞等典型地形地貌特征地，并在野外素描和记录其形态形貌特征（表1）。

表1 地形地貌特征记录表

编号	名称	特征描述	形成原因

备注：特征包括水流对山体的侧蚀、下蚀；形成原因包括风蚀、水蚀等。

第四章
快乐分享你我他

任务（一） 分析讨论——分享目的地的地形地貌特征

在老师的带领下，请各小组代表介绍在目的地观察到的地形地貌特征，看一看哪组描述的地形地貌最全面和阐述其形成原因最合理。

任务（二） 感想——谈谈自己的收获

在老师的带领下，请各小组代表说一说今天的收获。

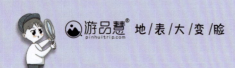

任务（三） 记录自己的收获

我的研学笔记

日期：_____年___月___日　　　　　　天气：_____

　　请记录今天学到的知识，观察到的有趣现象或过程，以及最大的收获。

研学思政：
　　1. "其上多金玉，其下多水。有穴焉，水出辄入，夏乃出，冬则闭。"这是《山海经》中关于溶洞的诗句，结合你对溶洞的认知，谈一谈这句诗句描述了溶洞的哪些特征？
　　2. 地球表面有河流、海洋、山脉、高原等多种多样的地形地貌，它们是从远古地球亿万年来每天一点一点的微小变化演变而来的。正如宋代罗大经在《鹤林玉露》中所写的"绳锯木断，水滴石穿"，意思与"冰冻三尺非一日之寒，水滴石穿非一日之功"有异曲同工之妙，只要我们坚持不懈，事情就能成功。

教学评价情况信息表

一、学生对课程实施情况的评价

学生姓名：_____　　学校：_____　　日期：_____

项目	类别	评价结果
1. 对课程教学的评价	（1）"老师讲故事"环节课程教学效果如何？	A. B. C. D.
	（2）"我的课堂我做主"环节课程教学效果如何？	A. B. C. D.
	（3）"户外瞧瞧去"环节课程教学效果如何？	A. B. C. D.
	（4）"今天我很棒"环节课程教学效果如何？	A. B. C. D.
2. 对基地/营地的评价	（5）基地/营地的安全保障情况如何？	A. B. C. D.
	（6）基地/营地的环境和硬件配套条件情况如何？	A. B. C. D.
	（7）基地/营地的服务情况如何？	A. B. C. D.
3. 对授课教师的评价	（8）教师的知识能力水平情况如何？	A. B. C. D.
	（9）教师的授课方式方法情况如何？	A. B. C. D.
	（10）教师的职业精神和师风师德情况如何？	A. B. C. D.

其他建议或意见：

评价说明：请在"评价结果"栏的ABCD选项中打"√"。A. 很好：90～100分；B. 较好：80～89分；C. 一般：70～79分；D. 较差：60～69分。

二、教师对学生学习情况的评价

学生姓名：_____　　学校：_____　　日期：_____

项目	类别	评价内容	评分
1. 学习过程成绩评价	（1）"老师讲故事"环节学习情况	能认真听讲、思考和回答问题等（20%）	
	（2）"我的课堂我做主"环节实验情况	①能积极思考、动手完成任务等（10%）	
		②具有科学精神、责任担当等（5%）	
	（3）"户外瞧瞧去"环节实践情况	①能积极思考、动手完成任务等（10%）	
		②具有科学精神、责任担当等（5%）	
	（4）"今天我很棒"环节学习情况	能总结和表达，持健康乐观态度等（10%）	
2. 学习成果成绩评价	（5）作业完成情况	能正确回答问题和完成课程作业（10%）	
	（6）学习成果或作品情况	能按要求提交学习成果或作品（20%）	
3. 其他方面评价	（7）个人精神面貌情况	具有纪律意识和良好的个人素质（5%）	
	（8）个人创新精神情况	具有实践创新意识和思想（5%）	
		总分	

教师评语：

1. 每项评价内容的成绩分为：优秀90～100分；良好80～89分；中等70～79分；及格60～69分；不及格60分以下。
2. 每项评价内容的成绩计算方式为：单项评分×权值（5%～20%）。

 中小学科普研学实践系列丛书

百万市民学科学——"江城科普读库"资助出版图书
中国地质大学(武汉)高等教育管理研究课题专项经费资助项目(2019F8A02)

〔环保〕

环保小达人

刘福江 主编

图书在版编目（CIP）数据

环保小达人 / 刘福江主编.
— 武汉：中国地质大学出版社，2021.12
（中小学科普研学实践系列丛书；8）
ISBN 978-7-5625-4990-1

Ⅰ. ①环…
Ⅱ. ①刘…
Ⅲ. ①环境-青少年读物
Ⅳ. ①X-49

中国版本图书馆CIP数据核字(2021)第230446号

环保小达人	刘福江	主编
责任编辑：舒立霞	责任校对：何澍语	

出版发行：中国地质大学出版社（武汉市洪山区鲁磨路388号）　邮政编码：430074
电话：(027)67883511　　传真：(027)67883580　　E-mail：cbb@cug.edu.cn
经销：全国新华书店　　http://cugp.cug.edu.cn

开本：880毫米×1230毫米　1/32	字数：156千字	印张：7.5
版次：2021年12月第1版		印次：2021年12月第1次印刷
设计制作：武汉浩艺设计制作工作室		
印刷：湖北睿智印务有限公司		

ISBN：978-7-5625-4990-1　　　　　　　　　　定价：198.00元（全10册）

如有印装质量问题请与印刷厂联系调换

《环保小达人》编委会

主　　编：刘福江

副 主 编：李　卉　郭　艳　林伟华　王文起　戴小良

编委成员：刘福江　林伟华　王文起　李　黎　李　卉　郭　艳
　　　　　戴小良　殷永辉

编委顾问：李长安　王文起　刘先国　陈　晶

目 录

第一章　老师讲故事——了解垃圾分类

档案（一）垃圾与生活 …………………………………… 01
档案（二）垃圾的基本来源 ……………………………… 04
档案（三）垃圾的危害 …………………………………… 06
档案（四）垃圾管理与垃圾分类 ………………………… 08

第二章　我的课堂我做主——垃圾是如何分类的

任务（一）我来认识身边的生活垃圾 …………………… 13
任务（二）我的垃圾分类小手工 ………………………… 14

第三章　户外瞧瞧去——我是环保小专家

任务（一）在目的地寻找垃圾（读图识图）…………… 15
任务（二）我给垃圾作分类 ……………………………… 16

第四章　今天我很棒——快乐分享你我他

任务（一）分组比一比，看谁找得多 …………………… 17
任务（二）记录自己的收获 ……………………………… 18

第一章
了解垃圾分类

档案（一） 垃圾与生活
▶▶ 小学《语文》（人教版）六年级上册 P$_{82}$《只有一个地球》

垃圾主要是各种废弃无用物的统称。垃圾从广义上是指所有生物留下的废弃物；从狭义上是指人类生产生活过程中产生的废弃物。由此可见，垃圾与我们人类生活息息相关，在我们的生活中无处不在。

环顾一下四周，我们会发现生活中随处可见各种类型的垃圾。就餐用过的各种一次性碗筷、饮料瓶，防疫用过的口罩、消毒湿巾，收发快递用过的各种塑料包装、纸盒，厨房处理过的剩菜剩饭、洗涤污垢，家里废弃的玩具、衣物、电池等，这些都是我们日常生活中常常会接触和产生的垃圾（图1）。

▲废旧纸盒　　▲废弃饮料瓶　　▲废旧衣服

▲ 剩饭菜　　図1 生活中的垃圾　　▲ 旧玩具　　▲ 废旧电池

下面哪些是我们日常生活中产生的垃圾（图2）？（是的画√，不是的画×）

(1)（　　）　　(2)（　　）

第一章 老师讲故事——了解垃圾分类

（3）（　　）　　　　　　（4）（　　）

（5）（　　）　　　　　　（6）（　　）

图2　辨认垃圾

档案（二） 垃圾的基本来源

垃圾主要来源于人类的生产和生活，比如工业废渣、生活垃圾、医疗垃圾、建筑垃圾、废弃设备等（表1，图3）。

表1 垃圾的主要来源

来源	特点	常见垃圾
工业废渣	工业生产过程中所排出的有毒的、易燃的、有腐蚀性的、有化学反应性的以及其他的废物	矿山企业产生的尾矿，交通运输制造业产生的废旧轮胎、橡胶，化工企业产生的固体或液体废弃物等
生活垃圾	各种日用品的包装、食品、清洁用品、衣物饰品等废物	废报纸或包装纸、废瓶罐、剩饭菜或瓜果、旧衣服等
医疗垃圾	由医院产生的接触过病人血液、肉体等污染性垃圾	使用过的棉球、纱布、胶布、一次性医疗器具、术后的废弃品、过期的药品等
建筑垃圾	对各类建筑物、构筑物、管网等进行建设、拆除、修缮过程中所产生的渣土、弃土、弃料、淤泥及其废弃物	废弃的玻璃、砖瓦、钢筋、水泥管道、渣土等
废弃设备	生产和生活中废弃的电子设备、机器设备和其他装置等	废弃的手机、电视和报废的汽车等

第一章 老师讲故事——了解垃圾分类

▲ 建筑垃圾

▲ 工业废渣

▲ 生活垃圾

▲ 医疗垃圾

▲ 废弃设备

图3 垃圾的不同来源

我们吃饭和穿衣产生的垃圾来源属于（　　）。

A. 医疗垃圾　　B. 生活垃圾　　C. 建筑垃圾
D. 工业废渣　　E. 废弃设备

档案（三） 垃圾的危害

垃圾如果没有妥善处置，随意丢弃到环境中，会对人类赖以生存的自然环境造成不可逆的危害。在一些垃圾管理较好的地区，大部分垃圾会得到卫生填埋、焚烧、堆肥等无害化处理，而一些地方的垃圾常常被简易堆放或填埋，导致污染空气、污染土壤、污染水源、侵占土地以及影响人们生活和健康。

塑料制品

主要包括塑料袋、塑料瓶、一次性餐具、一次性桌布等。塑料垃圾在自然界中难以分解腐烂，用填埋的方式处理塑料垃圾会占用大量土地资源，影响土壤的通透性，破坏土质，影响植物生长等（图4）。

废旧电池

非环保型的废旧电池如果用完后直接丢弃在自然界中，这些电池中的有害金属物质汞、镉会溢出来，渗入土壤或水源中，造成土壤和水源的严重污染，并进入农作物或其他动物体内，最后人类食用这些污染过的动植物后，造成人类身体损害。

第一章 老师讲故事——了解垃圾分类

清洁用品

主要包括家用各类去油垢洗洁精、空气清新剂、杀虫剂、消毒剂等，这些用品一般含有大自然难以降解或具有一定腐蚀性的石油化工原料，也含有对人体有害的物质，会造成人体和动物身体损害。

图4 垃圾造成的污染和危害

Q3

我们日常生活中的垃圾如果没有得到有效处理，会造成以下哪些危害？（　　）

A. 污染空气　　B. 污染土壤
C. 污染水源　　D. 影响健康

档案（四） 垃圾管理与垃圾分类
▶▶ 小学《科学》（教科版）六年级下册 P_{76}—P_{78}

随着人们的生态和环境保护意识不断增强，垃圾管理的重要性日益受到人们的重视。加强对垃圾的排放、处理、回收利用的管理，实行垃圾分类，这对提高垃圾的资源价值和经济价值，力争物尽其用，减少垃圾处理量和处理设备的使用，降低处理成本，减少土地资源的消耗，降低垃圾对环境的危害具有重要意义。

从广义上垃圾种类分为两大类：可回收物和不可回收垃圾。具体如表2和图5所示。

表2 垃圾分类情况

种类	小类	主要废弃物
可回收物	废纸	包括旧图书、报纸杂志、各类纸质包装等
	塑料	包括各类塑料包装、一次性塑料餐具餐盒、塑料杯子、塑料饮料瓶等
	玻璃	包括各类玻璃制品、碎玻璃片、保温瓶等
	金属	包括易拉罐、铁罐头盒、旧锅具等
	布料	包括废旧衣服、手套、布偶、鞋袜等

续表

种类	小类	主要废弃物
不可回收垃圾	有害垃圾	包括废弃电子产品、电池、水银温度计、废油漆桶、过期药物、过期化妆品等
	厨余垃圾/湿垃圾	包括剩菜剩饭、骨头、菜根菜叶、果皮等食品类废物
	其他垃圾/干垃圾	包括砖瓦陶瓷、渣土、有涂层镜子、枯败花树、卫生间废纸、纸巾、鸡毛等

图5 垃圾分类

环/保/小/达/人

请将图示的垃圾分别放入不同类别垃圾桶中（图6）。

A　　　　　B　　　　　C　　　　　D

第一章 老师讲故事——了解垃圾分类

废旧纸盒（　　）　　　　废旧电池（　　）

羽毛（　　）　　　　废油漆桶（　　）

图6 垃圾分类

第二章
垃圾是如何分类的

任务（一） 我来认识身边的生活垃圾

利用各类物品的卡片和桌面小型环保分类垃圾桶，辨识卡片所代表的垃圾，参考表1和表2分析垃圾来源，尝试对其进行分类，并按照垃圾类别将其投放到对应类别的桌面垃圾分类桶中。

每个小组分得几种垃圾的卡片，通过不同的方法来进行分类，并记录在下面表格中（表3）。

表3 垃圾分类记录表1

垃圾编号	垃圾名称	垃圾来源	垃圾类别

续表

垃圾编号	垃圾名称	垃圾来源	垃圾类别

任务（二） 我的垃圾分类小手工

请同学们每人设计制作 5 种垃圾来源的标签，然后按照每种垃圾来源类型分别设计制作 4～6 个具体的垃圾实物名称标签，再将每种垃圾实物名称标签分别按照其垃圾分类情况进行分类，粘在各自垃圾类型的标签下。

垃圾分类成果照片粘贴处

第三章
我是环保小专家

任务（一） 在目的地寻找垃圾（读图识图）

在老师的指导下，找一张目的地纸质地图或将目的地电子地图打印在纸上，用罗盘或指南针找到北方向，然后通过寻找里面的标志物来判断自己所在区域大致位置。请写出你判断的依据是什么？

地图粘贴处

任务（二） 我给垃圾作分类

在老师的指导下，准备好一次性手套、塑料袋和捡拾工具，然后分组在目的地寻找可回收物、厨余垃圾、有害垃圾和其他垃圾（干垃圾）等四类垃圾，并描述其来源，对其类别进行归纳（表4）。

表4 垃圾分类记录表2

垃圾名称	垃圾来源	垃圾类别
		☐可回收物 ☐厨余垃圾 ☐有害垃圾 ☐其他垃圾（干垃圾）
		☐可回收物 ☐厨余垃圾 ☐有害垃圾 ☐其他垃圾（干垃圾）
		☐可回收物 ☐厨余垃圾 ☐有害垃圾 ☐其他垃圾（干垃圾）
		☐可回收物 ☐厨余垃圾 ☐有害垃圾 ☐其他垃圾（干垃圾）

第四章
快乐分享你我他

任务（一） 分组比一比，看谁找得多

统计各小组在目的地寻找到的垃圾，比一比哪组寻找到的不同类型垃圾最多。

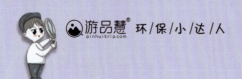

任务（二） 记录自己的收获

我的研学笔记

日期：_____年___月___日　　　　　　天气：_____

　　请记录今天学到的知识，观察到的有趣现象或过程，以及最大的收获。

研学思政：

　　"绿水青山就是金山银山"是时任浙江省委书记的习近平于 2005 年 8 月在浙江湖州安吉考察时提出的科学论断。2017 年 10 月 18 日，习近平总书记在十九大报告中指出："人与自然是生命的共同体，人类必须尊重自然、顺应自然、保护自然。我们要建设的现代化是人与自然和谐共生的现代化。"必须树立和践行"绿水青山就是金山银山"的理念，坚持节约资源和保护环境的基本国策。

教学评价情况信息表

一、学生对课程实施情况的评价

学生姓名：_____　　学校：_____　　日期：_____

项目	类别	评价结果
1. 对课程教学的评价	（1）"老师讲故事"环节课程教学效果如何？	A. B. C. D.
	（2）"我的课堂我做主"环节课程教学效果如何？	A. B. C. D.
	（3）"户外瞧瞧去"环节课程教学效果如何？	A. B. C. D.
	（4）"今天我很棒"环节课程教学效果如何？	A. B. C. D.
2. 对基地/营地的评价	（5）基地/营地的安全保障情况如何？	A. B. C. D.
	（6）基地/营地的环境和硬件配套条件情况如何？	A. B. C. D.
	（7）基地/营地的服务情况如何？	A. B. C. D.
3. 对授课教师的评价	（8）教师的知识能力水平情况如何？	A. B. C. D.
	（9）教师的授课方式方法情况如何？	A. B. C. D.
	（10）教师的职业精神和师风师德情况如何？	A. B. C. D.

其他建议或意见：

评价说明：请在"评价结果"栏的ABCD选项中打"√"。A.很好：90～100分；B.较好：80～89分；C.一般：70～79分；D.较差：60～69分。

二、教师对学生学习情况的评价

学生姓名：_____ 学校：_____ 日期：_____

项目	类别	评价内容	评分
1. 学习过程成绩评价	（1）"老师讲故事"环节学习情况	能认真听讲、思考和回答问题等（20%）	
	（2）"我的课堂我做主"环节实验情况	①能积极思考、动手完成任务等（10%）	
		②具有科学精神、责任担当等（5%）	
	（3）"户外瞧瞧去"环节实践情况	①能积极思考、动手完成任务等（10%）	
		②具有科学精神、责任担当等（5%）	
	（4）"今天我很棒"环节学习情况	能总结和表达，持健康乐观态度等（10%）	
2. 学习成果成绩评价	（5）作业完成情况	能正确回答问题和完成课程作业（10%）	
	（6）学习成果或作品情况	能按要求提交学习成果或作品（20%）	
3. 其他方面评价	（7）个人精神面貌情况	具有纪律意识和良好的个人素质（5%）	
	（8）个人创新精神情况	具有实践创新意识和思想（5%）	
		总分	

教师评语：

1. 每项评价内容的成绩分为：优秀90～100分；良好80～89分；中等70～79分；及格60～69分；不及格60分以下。
2. 每项评价内容的成绩计算方式为：单项评分×权值（5%～20%）。

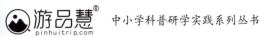

中小学科普研学实践系列丛书

百万市民学科学——"江城科普读库"资助出版图书
中国地质大学（武汉）高等教育管理研究课题专项经费资助项目（2019F8A02）

〔水质〕

小小水质检测员

刘福江　主编

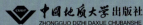

中国地质大学出版社
ZHONGGUO DIZHI DAXUE CHUBANSHE

图书在版编目（CIP）数据

小小水质检测员 / 刘福江主编.
— 武汉：中国地质大学出版社，2021.12
（中小学科普研学实践系列丛书；9）
ISBN 978-7-5625-4990-1

Ⅰ.①小…
Ⅱ.①刘…
Ⅲ.①水质监测-青少年读物
Ⅳ.①X832-49

中国版本图书馆CIP数据核字(2021)第230447号

小小水质检测员		刘福江　主编
责任编辑：舒立霞		责任校对：何澍语

出版发行：中国地质大学出版社（武汉市洪山区鲁磨路388号）　邮政编码：430074
电　话：(027)67883511　　传　真：(027)67883580　　E-mail：cbb@cug.edu.cn
经　销：全国新华书店　　　http://cugp.cug.edu.cn

开本：880毫米×1230毫米　1/32	字数：156千字	印张：7.5
版次：2021年12月第1版		印次：2021年12月第1次印刷
设计制作：武汉浩艺设计制作工作室		
印刷：湖北睿智印务有限公司		

ISBN：978-7-5625-4990-1	定价：198.00元（全10册）

如有印装质量问题请与印刷厂联系调换

《小小水质检测员》编委会

主　　编：刘福江

副 主 编：郭　艳　李　黎　林伟华　王文起　殷永辉

编委成员：刘福江　林伟华　王文起　李　黎　李　卉　郭　艳
　　　　　戴小良　殷永辉

编委顾问：李长安　王文起　刘先国　陈　晶

目　录

第一章　老师讲故事——水，地球生命的摇篮

档案（一）地球上的淡水有哪些？ …………………… 01
档案（二）地球缺淡水吗？ …………………………… 05
档案（三）如何判断"好水"和"差水"？ …………… 07
档案（四）自来水是怎么"自来"的？ ……………… 09
档案（五）"世界水日"，你知多少？ ……………… 11

第二章　我的课堂我做主——给水做个小手术

任务（一）我来做个净水器 …………………………… 13
任务（二）水质检测小实验 …………………………… 14

第三章　户外瞧瞧去——我是小小水质检测员

任务（一）认识水样采集工具 ………………………… 15
任务（二）走，采集水样去！ ………………………… 16

第四章　今天我很棒——快乐分享你我他

任务（一）分组讨论，节水"现身说法" …………… 17
任务（二）派代表发言，谈谈自己的收获 …………… 17
任务（三）记录自己的收获 …………………………… 18

第一章
水，地球生命的摇篮

老师讲故事

档案（一） 地球上的淡水有哪些？
▶▶ 小学《语文》（苏教版）五年级下册 P_{142}《水》

从古到今，人们一直都离不开水，没有水，就没有生命。水也是地球上最丰富的一种化合物，全球约有 3/4 的面积覆盖着水，地球上的水总体积约有 13.86 亿立方千米。其中，咸水约占总水量的 97.5%，主要分布在海洋；淡水仅约占总水量的 2.5%，只有 3465 万立方千米左右。若排除位于极地和高海拔地区的冰川、冰盖等淡水资源，人类真正能够利用的淡水资源是陆地上淡水湖泊、河流和浅层地下水，这些淡水资源约占地球总水量的 0.785%（图 1）。

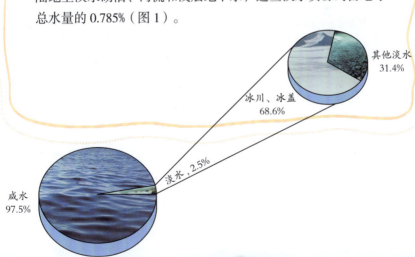

01

图1 地球部分水资源类型

第一章 老师讲故事——水，地球生命的摇篮

地球水资源从广义上是指地球水圈内的水量总体，但由于海水难以直接利用，通常我们所说水资源主要指陆地上的淡水资源（图2）。根据中国水利部发布的2019年度《中国水资源公报》和美国太平洋研究院统计数据，我国的淡水资源总量为29 041亿立方米，占全球水资源的5.1%，位于巴西、俄罗斯、加拿大、美国和印度尼西亚之后，名列世界第六位（图3）。并且，我国的人均水资源量只有2300立方米，仅为世界平均水平的1/4，是全球人均水资源最贫乏的国家之一。

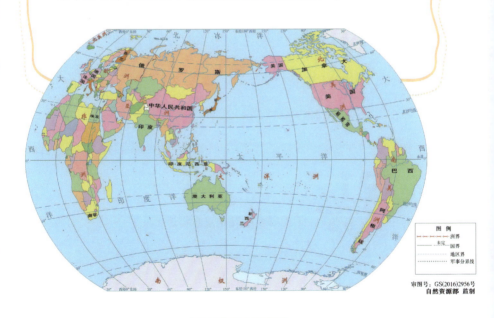

图2 世界地图

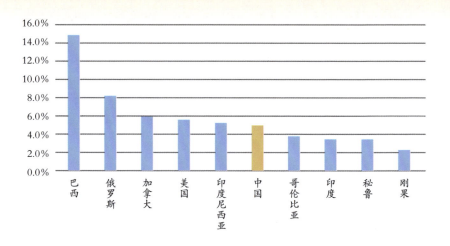

图3 世界前十位国家水资源占全球水资源的比例

下面哪些水源是淡水资源？（　　　　）
A. 海水　　B. 淡水湖泊　　C. 水库
D. 河流　　E. 浅层地下水

档案（二） 地球缺淡水吗？

随着世界经济的发展，人口不断增长，城市日渐增多和扩张，各地用水量不断增多，水资源浪费严重，生态环境恶化，水源污染加剧，世界将有许多国家和地区的人面临缺水或淡水严重不足的问题（图4）。目前，全世界还有超过10亿的人口用不上清洁的水，并且，每年有310万人因饮用不清洁的水患病而死亡。

在日常生活中我们一拧水龙头，水就源源不断地流出来，可能丝毫感觉不到水的危机。但是，我国是一个淡水资源分布不均的国家，我国有些地区已经处于严重缺水状态。如我国北方9省（区），人均水资源不到500立方米，实属水少地区（图5）。

▲ 气候变化　　▲ 人口膨胀　　▲ 生态环境恶化　　▲ 淡水浪费　　▲ 环境污染

图4　淡水资源短缺的部分原因

图5 中国水资源分布图

你认为造成许多国家和地区的人面临缺水的原因是：（　　　　）

A. 用水量不断增多　　B. 水资源浪费严重
C. 生态环境恶化　　　D. 水源污染加剧
E. 水资源短缺

第一章 老师讲故事——水，地球生命的摇篮

档案（三） 如何判断"好水"和"差水"？
▶▶ 小学《科学》（人教版）四年级上册 P_{42}—P_{45}

水质是水体质量的简称，一般指水的颜色、气味和清澈程度特征，以及杂质含量、无机物含量、有机物含量和微生物含量状况。为了评价水体质量的状况，我国规定了一系列水质参数和水质标准（表1，图6），常见的水质参数有色、嗅、味、透明度、水温、总硬度、pH值等。

表1 我国水质等级标准

水质等级	水质主要特点	备注
Ⅰ类	无污染，经过简易处理可成为饮用水。国家自然保护区水源地	饮用水类
Ⅱ类	较清洁，经常规净化处理可成为饮用水。水源地一级保护区	
Ⅲ类	过滤清洁后可用作普通工业用水。水源地二级保护区、一般鱼类保护区及游泳区	
Ⅳ类	一般工业用水区及人体非直接接触的娱乐用水	污水类
Ⅴ类	一般农业用水、普通景观用水	
劣Ⅴ类	无用脏水	

小/小/水/质/检/测/员

▲ Ⅰ类水质：国家自然保护区源头

▲ Ⅱ类水质：水源地一级保护区

▲ Ⅲ类水质：水源地二级保护区

▲ Ⅳ类水质：工业用水区

▲ Ⅴ类水质：农业灌溉用水区

▲ 劣Ⅴ类水质：污染的脏水

图6　常见水质不同等级特征

Q3

你认为在无污染的国家自然保护区内的水质属于哪个等级的水质？（　　　　）

A. Ⅰ类　　　B. Ⅱ类　　　C. Ⅲ类
D. Ⅳ类　　　E. Ⅴ类

档案（四） 自来水是怎么"自来"的？

我们生活和生产中使用的自来水一般是通过自来水厂净化、消毒后生产出来的符合相应标准的洁净水。自来水厂按照国家相关卫生标准，一般经过多道复杂的工艺流程，并通过专业设备制造出洁净水，其一般处理过程如下（图7）：

1. 首先必须把水从江河或湖泊中抽取到水厂（图8）。
2. 然后经过混凝、沉淀、过滤、消毒后，由送水泵高压输入自来水管道。
3. 最终分流到用户水龙头。

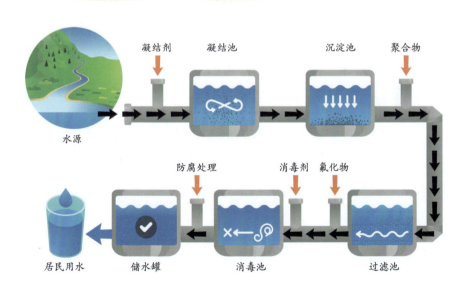

图7 自来水处理过程

小/小/水/质/检/测/员

图8 自来水厂全景

请你说说我们日常用的自来水从水龙头流出来之前还经历了什么?

_____

_____

_____

档案（五）"世界水日"，你知多少？

如今水已不是一种"取之不尽，用之不竭"的自然资源。为了唤起公众的节水意识，加强水资源保护，节省地球水资源，1993年联合国确定每年的3月22日为"世界水日"。

节约用水，又称节水，主要是通过改进用水方式，科学、合理、有计划、有重点地用水，提高水的利用率，避免水资源的浪费（图9）。一个滴水的水龙头，一天可以浪费6升的水（相当于12瓶矿泉水），一个漏水的马桶，一天要浪费25升的水（相当于50瓶矿泉水）。所以我们要珍惜每一滴水，节约用水要从点滴做起。

国家节水标志

图9 节约用水

小/小/水/质/检/测/员

 在我们日常生活中,请你填一填如何节约用水(表2)?

表2 节水方法记录表

序号	日常生活	节水方法
1	刷牙	
2	洗手	
3	洗衣	
4	做饭	
5	洗车	
6	冲厕所	

第二章
给水做个小手术

任务(一) 我来做个净水器

1. 请同学们准备好粗砂、细砂、活性炭等材料(图10),在老师的指导下,自己动手制作一个净水装置。

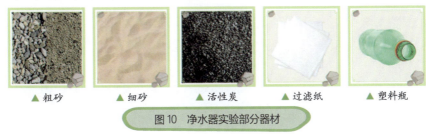

▲粗砂　　▲细砂　　▲活性炭　　▲过滤纸　　▲塑料瓶

图10 净水器实验部分器材

2. 请同学们仔细观察过滤前和过滤后水的特点,并将观察到的现象记录在下表中(表3)。

表3 水过滤情况观察表

类别	过滤前	过滤后
颜色		
透明度		
杂质含量		
其他		

13

任务（二） 水质检测小实验

请同学们准备好 pH 试纸、水的电导率（TDS）笔、水样等材料（图11），在老师的指导下观察水质检测实验或自己动手做水质检测实验，并将实验中观测到的信息记录在下表中（表4）。

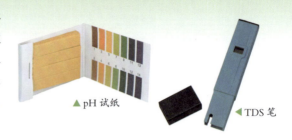

▲pH 试纸　　◀TDS 笔

图11　水质检测实验部分器材

表4　水质观测记录表

水样编号	颜色	气味	透明度	pH 值	水的电导率	其他

注：（1）如果水样pH>7，说明水样呈碱性；pH=7，说明水样呈中性；pH<7，说明水样呈酸性。
　　（2）TDS 值代表了水中溶解物含量，TDS 值越大，说明水中的溶解物含量越多；反之，含量越少。

第三章
我是小小水质检测员

任务（一） 认识水样采集工具

水质采样器

主要用于采集水质样品。使用方法如下：

（1）将准备好的橡皮管套在采样器的出水嘴上，并将橡皮管夹夹在橡皮管的上缘（离采样器的出水嘴较近处）（图12）。

（2）用蜡绳栓在采样器的提柄上。

（3）将采样器垂直放入水中，底下阀门自动打开，待采样器沉入一定深度后，再将采样器缓缓提起，底下阀门自动关闭。

（4）记录采样器的读数后，放下橡皮管，将水放入水质样本瓶完成水质样本取样。

图12 塑钢水质采样器

水质样本瓶

主要用于保存采集的水质样本，有密封、透明的塑料瓶和玻璃瓶两种（图13）。

图13 水质样本瓶

15

小/小/水/质/检/测/员

任务（二） 走，采集水样去！

选取若干个样本采集点，每个样本采集点采集1瓶水质样本，并做好记录，填写水样采集记录表（表5），并在水质样本瓶上粘贴相应的编号。

表5 水样采集记录表

序号	采样时间	采样地点	采样坐标	采样深度/厘米	样本编号
1			东经___°___′___″ 北纬___°___′___″		
2			东经___°___′___″ 北纬___°___′___″		
3			东经___°___′___″ 北纬___°___′___″		
4			东经___°___′___″ 北纬___°___′___″		
5			东经___°___′___″ 北纬___°___′___″		

第四章
快乐分享你我他

任务(一) 分组讨论,节水"现身说法"

在老师的指导下,同学们分组讨论在日常生产和生活中节水的重要性和节水的具体做法。

任务(二) 派代表发言,谈谈自己的收获

在老师的带领下,请各小组代表说一说今天的收获。

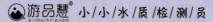

任务（三） 记录自己的收获

我的研学笔记

日期：_____年___月___日　　　　　天气：_____

请记录今天学到的知识，观察到的有趣现象或过程，以及最大的收获。

研学思政：

《大戴礼记·子张问入官篇》中有云"水至清则无鱼，人至察则无徒"。意思是与人相处，要有宽容的态度；过于苛求，就难以发现别人的优点，很难与别人合作，最终导致自我孤立。结合你的生活或者学习，思考这段话对你的启发。

教学评价情况信息表

一、学生对课程实施情况的评价

学生姓名：_____ 学校：_____ 日期：_____

项目	类别	评价结果
1. 对课程教学的评价	（1）"老师讲故事"环节课程教学效果如何？	A. B. C. D.
	（2）"我的课堂我做主"环节课程教学效果如何？	A. B. C. D.
	（3）"户外瞧瞧去"环节课程教学效果如何？	A. B. C. D.
	（4）"今天我很棒"环节课程教学效果如何？	A. B. C. D.
2. 对基地/营地的评价	（5）基地/营地的安全保障情况如何？	A. B. C. D.
	（6）基地/营地的环境和硬件配套条件情况如何？	A. B. C. D.
	（7）基地/营地的服务情况如何？	A. B. C. D.
3. 对授课教师的评价	（8）教师的知识能力水平情况如何？	A. B. C. D.
	（9）教师的授课方式方法情况如何？	A. B. C. D.
	（10）教师的职业精神和师风师德情况如何？	A. B. C. D.

其他建议或意见：

评价说明：请在"评价结果"栏的ABCD选项中打"√"。A. 很好：90～100分；B. 较好：80～89分；C. 一般：70～79分；D. 较差：60～69分。

二、教师对学生学习情况的评价

学生姓名：_____ 学校：_____ 日期：_____

项目	类别	评价内容	评分
1.学习过程成绩评价	（1）"老师讲故事"环节学习情况	能认真听讲、思考和回答问题等（20%）	
	（2）"我的课堂我做主"环节实验情况	①能积极思考、动手完成任务等（10%）	
		②具有科学精神、责任担当等（5%）	
	（3）"户外瞧瞧去"环节实践情况	①能积极思考、动手完成任务等（10%）	
		②具有科学精神、责任担当等（5%）	
	（4）"今天我很棒"环节学习情况	能总结和表达，持健康乐观态度等（10%）	
2.学习成果成绩评价	（5）作业完成情况	能正确回答问题和完成课程作业（10%）	
	（6）学习成果或作品情况	能按要求提交学习成果或作品（20%）	
3.其他方面评价	（7）个人精神面貌情况	具有纪律意识和良好的个人素质（5%）	
	（8）个人创新精神情况	具有实践创新意识和思想（5%）	
		总分	

教师评语：

1.每项评价内容的成绩分为：优秀90～100分；良好80～89分；中等70～79分；及格60～69分；不及格60分以下。
2.每项评价内容的成绩计算方式为：单项评分×权值（5%～20%）。

中小学科普研学实践系列丛书

百万市民学科学——"江城科普读库"资助出版图书
中国地质大学（武汉）高等教育管理研究课题专项经费资助项目
（2019F8A02）

小学版

10

〔气象〕

气象观测员

刘福江　主编

中国地质大学出版社
ZHONGGUO DIZHI DAXUE CHUBANSHE

图书在版编目（CIP）数据

气象观测员 / 刘福江主编.
— 武汉：中国地质大学出版社，2021.12
（中小学科普研学实践系列丛书；10）
ISBN 978-7-5625-4990-1

Ⅰ．①气…
Ⅱ．①刘…
Ⅲ．①气象学-青少年读物
Ⅳ．①P4-49

中国版本图书馆CIP数据核字(2021)第230448号

气象观测员

刘福江　主编

责任编辑：舒立霞	责任校对：何澍语

出版发行：中国地质大学出版社（武汉市洪山区鲁磨路388号）　邮政编码：430074
电　话：（027）67883511　　传　真：（027）67883580　　E-mail：cbb@cug.edu.cn
经　销：全国新华书店　　http://cugp.cug.edu.cn

开本：880毫米×1230毫米　1/32	字数：156千字	印张：7.5
版次：2021年12月第1版	印次：2021年12月第1次印刷	
设计制作：武汉浩艺设计制作工作室		
印刷：湖北睿智印务有限公司		

ISBN：978-7-5625-4990-1　　　　　　　　　　　定价：198.00元（全10册）

如有印装质量问题请与印刷厂联系调换

《气象观测员》编委会

主　　编：刘福江

副 主 编：郭　艳　林伟华　王文起　李　卉　殷永辉

编委成员：刘福江　林伟华　王文起　李　黎　李　卉　郭　艳
　　　　　戴小良　殷永辉

编委顾问：李长安　王文起　刘先国　陈　晶

目 录

第一章 老师讲故事——认识气象

档案（一）天气与生活 ································· 01
档案（二）二十四节气 ································· 03
档案（三）气象观测仪器 ······························· 05
档案（四）气象综合立体探测系统 ······················· 06
档案（五）气象灾害预警 ······························· 08
档案（六）龙卷风 ····································· 10

第二章 我的课堂我做主——气象信息早知道

任务（一）制作天气地图 ······························· 11
任务（二）做一名天气播报员 ··························· 12
任务（三）自制风向标 ································· 13

第三章 户外瞧瞧去——我是小小气象学家

任务（一）我会"读图识图"啦 ··························· 14
任务（二）测量风向和风速 ····························· 15
任务（三）测量湿度和温度 ····························· 16

第四章 今天我很棒——快乐分享你我他

任务（一）分组比一比，看谁测得准 ····················· 17
任务（二）派代表发言，谈谈自己的收获 ················· 17
任务（三）记录自己的收获 ····························· 18

第一章
认识气象

档案(一) 天气与生活
▶▶ 小学《科学》(教科版) 二年级上册 P_{13}

从人类出现以来,天气就与人类生产和生活密切相关,人类的日常生产和生活都需要根据天气变化来安排和调整。比如:天气情况决定了农业生产的时间;气温的高低和降雨的多少会影响农作物的收成;降雨、大雾、降雪等天气状况会影响交通出行;天气变化会带来一些季节性的疾病,影响着人类身体健康(图1)。

图1 常见的天气现象

Q1

请判断下列天气现象描述是否正确（图2）？
（正确的画"√"，错误的画"×"）

沙尘暴（　）　　　　　飓风（　）

龙卷风（　）　　　　　雾霾（　）

图2　辨认天气现象

档案（二） 二十四节气

▶▶ 小学《语文》（人教版）二年级下册 P_{100}《二十四节气歌》

"二十四节气"是指中国农历中表示季节变迁的24个特定节令，每月2个节气，每个节气均有其独特的含义。在没有"天气预报"的古代，人们只能凭借"二十四节气"指导农事活动，并在全国各地形成了很多不一样的习俗。"二十四节气"蕴含着我国悠久的文化内涵和历史积淀，是中华民族历史文化的重要组成部分。

现行的"二十四节气"是根据地球在绕太阳公转轨道上的位置而制定的，每一个节气分别对应地球绕太阳运行15°所到达的位置。在地球公转过程中，太阳的直射点在地球南北回归线之间移动，太阳直射点由南向北经过赤道的是春分，到达北回归线的是夏至，由北到南经过赤道的是秋分，到达南回归线的是冬至（图3、图4）。

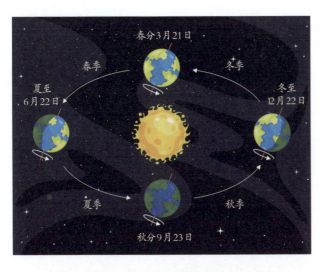

图3 季节、二十四节气与地球公转的位置关系

二十四节气歌

春雨惊春清谷天，
夏满芒夏暑相连。
秋处露秋寒霜降，
冬雪雪冬小大寒。
每月两节不变更，
最多相差一两天。
上半年来六廿一，
下半年是八廿三。

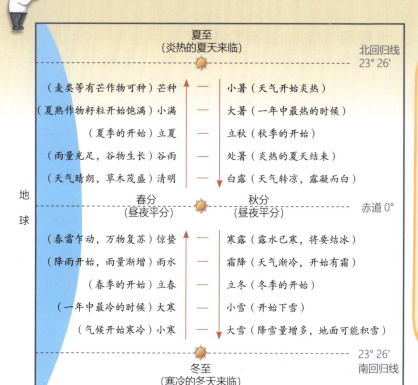

图4 二十四节气与太阳直射点在地球上的位置对应图

请查阅日历,记下这个月的两个节气和对应日期。

月份:＿＿＿＿

序号	二十四节气名	日期
1		
2		

档案（三） 气象观测仪器
▶▶ 小学《科学》（教科版）三年级上册 P₄₃—P₅₂

气象观测仪器主要是用于气象预报和气象监测等领域的观测专业设备，包括雨量计、温度计、湿度计、风速仪、风向仪等（表1，图5）。

表1　部分气象观测仪器设备及其用途

序号	仪器或设备	用途
1	风向袋	测量风的方向
2	风速、风向仪	测量风的速度和方向
3	雨量计	测量降雨量
4	温度、湿度计	测量空气温度和湿度
5	百叶箱	安装温度、湿度计等用的防护设备

▲ 风向袋

▲ 雨量计

▲ 温度、湿度计

▲ 风速、风向仪

▲ 百叶箱

图5　常见气象观测仪器设备

档案(四) 气象综合立体探测系统

环绕地球的大气是很厚的一层,由低到高,大体可以分为对流层、平流层和高层大气,大气的高度不同对应的温度也不同(表2,图6)。海洋上的观测船、陆地上的气象站、天空中的气象飞机和星际空间中的气象卫星,一起构成了一个海、陆、空的综合立体探测系统。

表2 地球大气层及其特点

序号	大气层	高度(距离地面)	特点
1	对流层	0~12千米	空气对流显著,天气复杂多变,是人类生存区
2	平流层	12~50千米	空气水平运动,天气晴朗,利于高空飞行
3	高层大气	50千米至大气上界	空气密度小,有电离层,利于无线通信

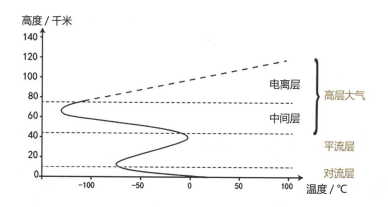

图6 大气不同高度对应温度的变化情况

第一章 老师讲故事——认识气象

说一说下面现象或工具分别是在哪个大气层发生或工作的呢（图7）？

图7 识别不同大气层发生的现象

07

档案（五） 气象灾害预警

气象灾害是指大气对人类的生命财产和国民经济建设等造成直接或间接损害的一种自然灾害，一般包括天气、气候灾害和气象次生、衍生灾害，如台风、暴雨、暴雪、寒潮、大风、沙尘暴、高温、干旱、雷电、冰雹、霜冻、大雾、霾、道路结冰、雷雨大风、森林火险等。

为增强全民防灾减灾意识，有效防御和减轻气象灾害，中国气象局发布了突发气象灾害预警信号，该信号将各类气象灾害级别总体上分为蓝色、黄色、橙色和红色4个等级，分别代表四级（一般）、三级（较重）、二级（严重）和一级（特别严重）（图8）。

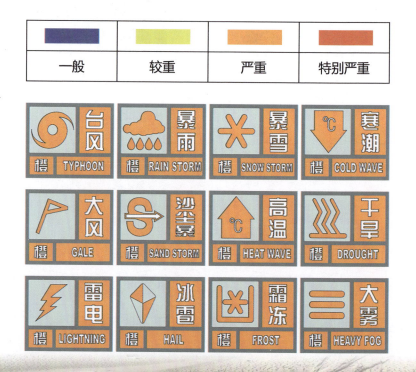

第一章 老师讲故事——认识气象

图8 部分橙色气象灾害预警信号标识

说一说下列图标分别代表什么气象灾害预警信号？

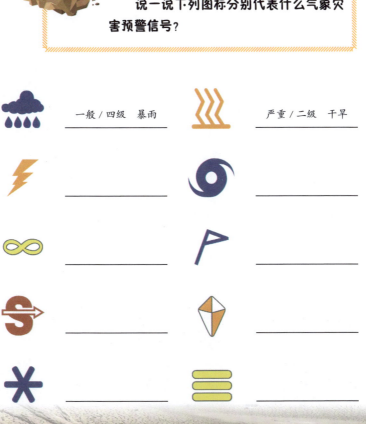

一般/四级 暴雨　　　　　严重/二级 干旱

档案（六） 龙卷风
▶▶ 小学《科学》（粤教版）三年级下册 P$_{60}$—P$_{61}$

龙卷风一般分为陆龙卷、水龙卷和高空漏斗云，它们都有漏斗状的云从空中向地面方向伸展。漏斗状的云没有接触到地面时，称为高空漏斗云，漏斗状的云接触到陆地时称为陆龙卷，漏斗状的云接触到水面时称为水龙卷。3种类型的龙卷风是可以相互转换的。

龙卷风的形成过程（图9）：

1. 冷、暖空气相遇，暖空气带着水汽上升后冷却，形成浓厚的积雨云。

2. 上升的空气遇冷后气压降低，吸入更多空气并开始旋转，呈漏斗状向下延伸。

3. 漏斗云延伸至地面，掀起地面上的碎片，形成完整的龙卷风。

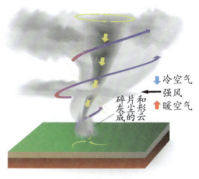

图9 龙卷风形成过程

请辨别下面龙卷风属于哪种类型，并填入对应的括号里。

　　A. 水龙卷　　B. 陆龙卷　　C. 高空漏斗云

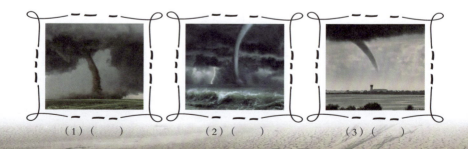

（1）（　）　　　（2）（　）　　　（3）（　）

第二章
气象信息早知道

任务（一） 制作天气地图

请根据老师提供的某地区地图，查阅该地区某日的天气情况，在地图上适当的位置用天气符号（表3）标示出相应的天气。

表3 常见的天气符号及其含义

符号	含义	符号	含义	符号	含义	符号	含义
	晴（白天）		晴（晚上）		多云（白天）		多云（夜晚）
	阴		小雨		中雨		大雨
	暴雨		大暴雨		特大暴雨		雷阵雨
	雷电		冰雹		轻雾		雾
	霾		雨夹雪		小雪		中雪
	大雪		暴雪		大暴雪		吹雪
	冻雨		霜冻		四级风		五级风

续表

符号	含义	符号	含义	符号	含义	符号	含义
⌐	六级风	⌐	七级风	⌐	八级风	⌐₉	九级风
⌐₁₀	十级风	⌐₁₁	十一级风	〜	龙卷风	◉	台风
S	浮尘	$	扬沙	S→	沙尘暴	S	强沙尘暴

任务（二） 做一名天气播报员

在老师的指导下，请查阅今天和明天的天气情况，并补充完整"天气播报词"。分小组选出代表做一次小小天气播报员，为小朋友播报某地的天气情况。

"天气播报词"

大家好，这里是"小小竺可桢"广播站，欢迎您的收听！

我叫_____，今年____岁了，上____年级。现在由我为大家播报今明两天的天气情况：

今天是_____年___月___日，星期___，天气___，最高气温_____℃，最低气温_____℃，风力_____级。明天星期___，最高气温_____℃，最低气温_____℃，请小朋友们出门注意_____（降温、防寒等），不要_____（中暑、感冒）哦！

"小小竺可桢"天气预报广播到这里结束了，谢谢大家收听！

任务(三) 自制风向标

气象上把风吹来的方向确定为风的方向,例如:来自北方的风称为北风,来自南方的风称为南风。当风向在某个方位左右摆动不能确定时,则加上"偏"字,如偏北风。

风向标是如何工作的?

风向标的箭头方向指向风的来向(图10)。当风的来向与风向标成一定角度时,风对风向标产生风力。由于风向标的头部面积小,受到的风力也较小,而风向标的尾部面积较大,受到的风力也较大,使得风向标绕着垂直轴旋转,直至风向标的头部面对风的来向时,风向标才会因为受力平衡而稳定在这个方位。

图10 风向标

第三章
我是小小气象学家

任务（一） 我会"读图识图"啦

根据目的地地图以及罗盘或者指南针等工具，在地图上标记气象信息采集点的位置，并说说你寻找的依据。

地图粘贴处

任务（二） 测量风向和风速

请携带风向标等工具，前往不同气象信息采集点测量实时风向、风速等气象信息，并记录到下表中（表4）。

表4 风向、风速测量记录信息表

编号	测量地点	测量时间	风向	风速
1				
2				
3				
4				

风力歌

0级烟柱直冲天；1级轻烟随风偏；2级轻风吹脸面；3级叶动红旗展；
4级枝摇飞纸片；5级带叶小树摇；6级举伞步行艰；7级迎风走不便；
8级风吹树枝断；9级屋顶飞瓦片；10级拔树又倒屋；11-12级陆少见。

任务（三） 测量湿度和温度

请携带温度计、湿度计等仪器，前往不同气象信息采集点测量实时温度、湿度等气象信息，并记录到下表中（表5）。

表5 温度、湿度测量记录信息表

编号	测量地点	测量时间	湿度	温度

第四章
快乐分享你我他

任务（一） 分组比一比，看谁测得准

统计各小组在目的地测量的风向、风速、温度、湿度值，比一比哪组测量的气象数据比较准确。

任务（二） 派代表发言，谈谈自己的收获

在老师的带领下，请各小组代表说一说今天的收获。

任务（三） 记录自己的收获

我的研学笔记

日期：___年___月___日　　　　　　　天气：_____

请记录今天学到的知识，观察到的有趣现象或过程，以及最大的收获。

研学思政：
二十四节气是中华优秀传统文化和中国劳动人民智慧的结晶，是中华民俗文化的宝贵财富。习近平总书记多次就推动中华优秀传统文化创造性转化、创新性发展做出重要论述，并提出殷切期望。请你说说人们在生产生活中与二十四节气相关的故事。

教学评价情况信息表

一、学生对课程实施情况的评价

学生姓名：_____ 学校：_____ 日期：_____

项目	类别	评价结果
1. 对课程教学的评价	（1）"老师讲故事"环节课程教学效果如何？	A. B. C. D.
	（2）"我的课堂我做主"环节课程教学效果如何？	A. B. C. D.
	（3）"户外瞧瞧去"环节课程教学效果如何？	A. B. C. D.
	（4）"今天我很棒"环节课程教学效果如何？	A. B. C. D.
2. 对基地/营地的评价	（5）基地/营地的安全保障情况如何？	A. B. C. D.
	（6）基地/营地的环境和硬件配套条件情况如何？	A. B. C. D.
	（7）基地/营地的服务情况如何？	A. B. C. D.
3. 对授课教师的评价	（8）教师的知识能力水平情况如何？	A. B. C. D.
	（9）教师的授课方式方法情况如何？	A. B. C. D.
	（10）教师的职业精神和师风师德情况如何？	A. B. C. D.

其他建议或意见：

评价说明：请在"评价结果"栏的 ABCD 选项中打"√"。A. 很好：90～100 分；B. 较好：80～89 分；C. 一般：70～79 分；D. 较差：60～69 分。

二、教师对学生学习情况的评价

学生姓名：_____　　学校：_____　　日期：_____

项目	类别	评价内容	评分
1.学习过程成绩评价	（1）"老师讲故事"环节学习情况	能认真听讲、思考和回答问题等（20%）	
	（2）"我的课堂我做主"环节实验情况	①能积极思考、动手完成任务等（10%）	
		②具有科学精神、责任担当等（5%）	
	（3）"户外瞧瞧去"环节实践情况	①能积极思考、动手完成任务等（10%）	
		②具有科学精神、责任担当等（5%）	
	（4）"今天我很棒"环节学习情况	能总结和表达，持健康乐观态度等（10%）	
2.学习成果成绩评价	（5）作业完成情况	能正确回答问题和完成课程作业（10%）	
	（6）学习成果或作品情况	能按要求提交学习成果或作品（20%）	
3.其他方面评价	（7）个人精神面貌情况	具有纪律意识和良好的个人素质（5%）	
	（8）个人创新精神情况	具有实践创新意识和思想（5%）	
		总分	

教师评语：

1.每项评价内容的成绩分为：优秀90～100分；良好80～89分；中等70～79分；及格60～69分；不及格60分以下。
2.每项评价内容的成绩计算方式为：单项评分×权值（5%～20%）。